本书为"浙江省高校重大人文社科攻关计划项目"成果之一，项目编号为：2016GH013

中国当代公共艺术规划
实践与理论

董 奇 著

中国建筑工业出版社

图书在版编目（CIP）数据

中国当代公共艺术规划实践与理论/董奇著. —北京：
中国建筑工业出版社，2017.8
ISBN 978-7-112-20879-1

Ⅰ.①中… Ⅱ.①董… Ⅲ.①城市景观—景观规
划—研究—中国 Ⅳ.①TU-856

中国版本图书馆CIP数据核字（2017）第144471号

本书通过借鉴城市规划设计的基本原则和方法，同时结合艺术学等学科的研究成果，试图从城市整体的角度定位公共艺术在城市中的存在价值、规划准则和策略。针对快速城市化进程下中国城市文化的缺失、社会关系的失调与生态环境的破坏等问题，基于"文化兴市，艺术建城"的概念，将公共艺术纳入跨学科的宏观视野中进行探讨。

全书可供广大环境设计师、高等院校环境艺术专业师生等学习参考。

责任编辑：吴宇江 李珈莹
责任校对：李美娜 王 烨

中国当代公共艺术规划实践与理论
董 奇 著
＊
中国建筑工业出版社出版、发行（北京海淀三里河路9号）
各地新华书店、建筑书店经销
北京京点图文设计有限公司制版
北京中科印刷有限公司印刷
＊
开本：787×1092毫米 1/16 印张：12¾ 字数：234千字
2019年1月第一版 2019年1月第一次印刷
定价：58.00 元
ISBN 978-7-112-20879-1
　　　　　（30532）

前 言

随着经济的高速发展与城市化进程的不断加快，中国的城市形态发生了翻天覆地的变化。城市文化意识也逐步觉醒，公共空间中与日俱增的艺术品对当代中国城市形象产生了深远和广泛的影响。

20 世纪 80 年代，随着中国政治、经济、文化、社会各个方面的重大转型，中国出现了"城市雕塑"的概念，意味着城市建设与发展的文化自觉与意愿。20 世纪 90 年代，来自西方的公共艺术概念开始进入我们的理论视野。随着人们公共意识的增长，公共艺术的共享性与公众参与性越来越得到各种城市主体的重视，城市艺术文化建设开始从单一的城市雕塑走向综合的公共艺术。

城市公共艺术对提升城市建设水平、树立城市文化形象、扩大城市对外交流、推动城市经济发展以及强化居民的城市文化认同等都具有非常重要的作用，也是快速城市化进程下政府建设和改造城市形象的重要工具之一。纵观当今的城市建设，公共艺术蓬勃发展，我们面对的却是城市公共艺术规划的缺失与滞后，以及由此带来的城市公共艺术混乱的局面。一批违背艺术创作规律、粗制滥造、污染视觉的垃圾艺术品破坏了城市公共形象。这些低劣的公共艺术品不仅备受世人诟病，也与各自为政的城市建筑、景观规划产生越来越难以调和的矛盾。显然，当前快速城市化进程下的公共艺术规划问题，已经成为一个亟待研究和解决的跨学科议题。

本书通过借鉴城市规划设计的基本原则和方法，同时结合艺术学等学科的研究成果，试图从城市整体的角度定位公共艺术在城市中的存在价值、规划准则和策略。针对快速城市化进程下中国城市文化的缺失、社会关系的失调与生态环境的破坏等问题，基于"文化兴市，艺术建城"的概念，将公共艺术纳入跨学科的宏观视野中进行探讨。

首先，对公共艺术的概念进行界定，从价值层面分析公共艺术对城市文化秩序发展的影响。同时以快速城市化进程下的公共艺术为视野，分析快速城市化对当前我国公共艺术规划的影响，并阐释城市公共艺术的构成要素及其对快速城市化进程的积极意义。

其次，以杭州与义乌两市为实证案例进行城市公共艺术营建的探讨。在杭州市的案例中，主要针对杭州市城市片区化的特征，对公共艺术进行城市分区的调研，讨论杭州市各片区公共艺术的具体问题。通过采用物—地—人的分析方法对四大片区的调研结果进行分析，针对不同片区的特性，总结各片区公共艺术营造需要考虑的内容，以期为艺术品的布点、形式和题材等提供决策依据。在义乌市的案例中，主要针对公共艺术营建中城市文脉嵌入的理念，通过对义乌城市文化进行挖掘，实地考察其公共艺术的现状，在此基础上对典型问题做深入剖析。通过对义乌城市公共艺术的诉求分析，提出义乌公共艺术营建的文化嵌入思路。以两个实地案例的研究为基础，对我国快速城市化进程下的城市公共艺术实践问题进行反思与总结，同时为公共艺术规划的策略提供现实支撑。

最后，从规划、艺术等多学科角度对城市公共艺术的属性和特征进行梳理，全面认识公共艺术与城市的关系，并以此为基础构建城市公共艺术规划的内容框架与前期、中期、后期的行动纲领，如资金来源与分配、多部门合作机制、空间管理策略、近远期建设、不同阶段的公众参与模式、公共艺术品的监督与后期维护管理等，进而提出公共艺术规划的策略，并对公共艺术的相关研究议题进行展望，以期促进公共艺术研究领域的发展。

相比于以往公共艺术及其规划的研究，本书在学科视野、理论及实践层面都有所拓展。一是较为系统和全面地探讨了快速城市化进程中我国城市规划以及城市公共艺术演进的方式、类型、动力成因、发生规律、相关政策等。从理论及实证两方面为城市宏观政策制定、城市规划管理和公共艺术设计提供新的视角，改进现有的城市公共艺术布局和水平，以期对城市公共艺术规划的发展起到引导作用。二是立足于快速城市化的概念及基本规律，从文化引导的角度分析城市化进程下公共艺术对城市发展的积极作用，以及公共艺术规划在快速城市化进程中的重要价值。三是对杭州和义乌两个城市的公共艺术现状及居民文化需求进行实地调查。有别于前人统计性、概括性的描述，本书以扎实的系统观察数据辅以问卷调查挖掘公众对艺术品的偏好以及艺术品本身所存在的问题，从中微观空间属性、艺术品自身特色、维护情况等各方面分析原因，并提出城市公共艺术分区营建与文化嵌入的思路。四是提出公共艺术规划管理与策略的初步模型，基于政府、公众、艺术家三大主体在公共艺术规划中的不同角色，从制定相关政策与规划、组织投标与审核、维护管理三个阶段提出策略，引导城市的公共艺术规划。通过探讨公共艺术规划与城市文化、城市发展潜力之间的关系，真正落实公共艺术规划领域以人为本的基本理念。

目　录

附 录 155

第一章　绪　论

1.1　研究背景

城市之所以区别于乡村等人类社区，在于它是具有多元特性的聚集地。自改革开放以来，我国的城市不断发生着翻天覆地的变化，这种变化既受到外部环境变更的影响，比如全球化、区域化等政治经济因素以及信息化、智能化等技术因素；同时也受到自身发展原动力的极大推动，如经济、社会和政治体制的改革带来计划经济向市场经济的转轨、传统社会向现代社会的转型。随着受到内外力双重作用的中国城市进入快速城市化阶段，城镇人口规模高速增长，人口流动以及社会阶层分化不断加剧，人口异质性增强。城市化是一个动态的地域空间过程，城市化的快速发展带来城市空间急剧变化，城市中旧的空间秩序被打破，新的空间秩序正在形成，一系列产业政策、城市基础设施建设大力推进，由此带来城市化迅速推进的一种阶段性现象。

近年来，我国城市化水平平均每年以 1.5% ～ 2% 的速度增长。据国家统计局的报告显示，2011 年中国内地城市化率首次突破 50%，达到了 51.3%，这意味着中国城镇人口首次超过农村人口，城市化进入关键发展阶段。城市化已从向城市中心集聚为主过渡到以分散为主的郊区城市化阶段，由政府主导的快速城市化逐渐成为现阶段我国城市化的主要特征。

进入 21 世纪，经济已不再是衡量一个城市发达与否的唯一标准，文化逐渐成为城市的核心要素，艺术开始走向更广大的人群，走向生活本身。公共艺术则代表了艺术与生活、艺术与城市、艺术与大众的一种新的文化取向与融合。未来世界经济发展的中心将向有更多文化积累的城市转移。在现代化和城市化的建设过程中，公共艺术对于提升城市的公共环境水平、树立城市文化形象、扩大城市对外交流和推动城市整体发展等都具有重要的意义，受到越来越多的关注。与此同时，随着我国公共艺术的日益成熟，城市居民对文化的需求不断提高，公共艺术的设置和设计方式也呈现出多元化的局面。公共艺术在属性上体现了公共性、在地性与艺术性的结合，形式上体现了公共空间中文化开放、精神交流的价值共享。快速城市化进程中公共艺术与城市的关系日益密切，城市公共空间的公共艺术品也成为城市社会空间的一个重要组成部分。

广义而言，公共艺术的形式包括了一切时间和空间的艺术。但如今，民众熟知的仅是相对单一的景观、雕塑等形式。这些形式一般都是以给人强烈的视觉冲击为前提，对其体量和标志性的关注远远大于对公共艺术本身系统化的规划和设计的思考，也缺乏公众的参与。自 20 世纪 80 年代以来，伴随着中国城市高速的发展和扩张，公共艺术品在空间布局上缺乏规划，在艺术形式上组织混乱，对城市面貌造成了破坏。不和谐的公共艺术品开始充斥城市空间，其扩张也逐渐背离艺术化生存的大众愿景。这些行为使城市失去了鲜明的个性，也割断了它宝贵的历史文脉，造成了严重的城市文化与视觉污染。正如查尔斯摩尔（斯坦利·考利尔，1997）所说，"我们的城市变得越来越不可居住。"这种不和谐的公共艺术发展必然会引发大众对文化的诉求，唤醒人们对艺术化生存的回归。

所以，就目前国内的发展来看，当代公共艺术仍然处于界定其艺术身份与合法身份的过程中，公共艺术的规划和设计远远无法满足城市文化发展的诉求，也无法突出新的内涵，适应时代的发展。在这种情况下，如何兼顾艺术性、公共性与地域性，避免城市公共空间出现质量低劣、与城市文化精神不符的公共艺术作品；如何合理有效并且更有前瞻性地对公共艺术进行布局和规划，引导公共艺术适应城市本土特色文化发展，正是中国在快速城市化进程下面临的一个新议题。在此，本书提出快速城市化进程下城市公共艺术规划研究的议题，希望对城市公共艺术总体规划以及公共艺术的创新发展有所启示。

1.2 问题提出与研究意义

1.2.1 研究问题

自改革开放以来，我国的城市化进程快速发展，当前中国正处于城市建设的"大跃进"时期。然而，把西方发达国家几个世纪的城市进化过程压缩为几十年完成，必然会给城市空间结构、人文环境、自然环境以及历史文化的传承与发展带来一系列问题。例如，城市建设千城一面、文化品性缺失、社会关系失调、生态环境破坏等。

在不同的城市建设阶段，公共艺术由于扮演着不同的城市角色而受到关注。20 世纪 80 年代，公共艺术以城市雕塑为主要形式，作为一种美化城市空间的艺术品而受到重视。20 世纪 90 年代，随着城市化进程的加速，城市空间物质化建设日益完善，千城一面的城市形象催生了城市建设的文化诉求，推动了城市空间的艺术文化建设，公共艺术的概念开始引入国内。进入 21 世纪以来，随着人们公共意识的增强，公共艺术的共享性与公众参与性越来越得到各城市主体的重视，中国公共艺术逐步迈向关注社会公共文化与公共精神的层面，也开始注意到公共艺术与社会及生态环境关系等问题。可以看出，公共艺术在整个城市发展过程中扮演着不同的角色，有利于解决不同阶段的城市问题。

然而，在改革开放以来近40年的发展中，公共艺术实践大多由艺术家完成，而且这一阶段的快速城市化进程仍然是一种经济意识形态主导下的城市建设。艺术家的微观创作视角与城市建设的商业化逻辑很容易导致城市公共艺术在形式手法与艺术风格上交错混杂，形成城市整体视觉的混乱。此外，艺术家在城市社会学等方面专业视角的不足也容易导致其作品中公共性的缺失，难以满足当前城市建设对公共艺术的需求。因此，要使公共艺术更好地服务于快速城市化进程下的城市建设，必须进行多学科融合的公共艺术实践与规划研究，通过前期的规划引导城市公共艺术的规范与协调，更好地服务于城市建设的空间、文化、社会与生态发展。

本书通过对快速城市化特征的分析、公共艺术理论知识体系的整理、杭州与义乌两市公共艺术品的现状特征分析和使用者认知调查，以及国内外城市典型的公共艺术品规划管理模式的归纳汇总，对以下几个主要问题进行研究：（1）在城市公共艺术规划中应如何定义公共艺术？它和以往人们关注的城市雕塑有何不同？（2）公共艺术品对一个城市具有怎样的作用？在快速城市化进程中如何通过公共艺术规划最大限度发挥其价值？（3）以杭州、义乌两市为实证调研案例，现有的公共艺术品状况如何？针对城市特有的地域性与文化性，今后新增艺术品的布局、选址和选题需要注意什么问题？该如何进行客观合理的公共艺术营建？（4）在公共艺术品的规划管理过程中，应该如何根据城市空间的特点处理资金来源、空间布局、分级分类控制、公众参与、日常维护管理等问题？（5）如何构建符合快速城市化特点的公共艺术品规划管理策略？

通过该项研究，首先厘清公共艺术的概念，并将城市公共艺术放在一个更为宏观与科学的角度上进行探讨。其次，辨析快速城市化进程对城市公共艺术的影响，从文化引导等角度分析公共艺术的作用及贡献。最后，从理性的城市规划控制角度，结合感性的公共艺术设计特性分析，构建科学有效的公共艺术规划策略，为未来公共艺术各个层面的设置提供依据。

1.2.2 研究意义

在中国城市化与公共文化快速发展的过程中，公共艺术无论是在公共环境、城市形象、区域经济方面，还是在环境生态与居民生活中，均有着重要的社会使命和公共文化职责。从理论层面而言，公共艺术这个概念，最早在 20 世纪 60 年代美国的社会政治改革思潮中诞生，并由艺术家与设计师在公共空间中实施与推动。然而，尽管目前公共艺术已经渗透到城市的各个领域，但实际上理论界对公共艺术尚没有统一的定义，仍存在多种不同的理解。狭义的理解局限在城市雕塑，广义的则包含城市公共空间中存在的各种艺术作品和艺术活动。另外，判断是否为公共艺术的标准，如是否体现"公共性"，是一个需要做出主观判断的柔性指标，不能满足规划管理作品简单明了的要求。这样的认识会给公共艺术规划的实施带来很大的困扰，影响规划的可实施性。所以，我们需要在理论概念的基础上，发展出适合规划管理的操作性概念，以便分配公共艺术专项资金，确定管理和维护的范围。

当代城市发展已经进入到以文化论输赢、比拼软实力与发展后劲的阶段，城市的文化品格，人文特质在塑造城市品牌中占据越来越重要的地位。在这样的大背景下，有必要研究城市公共艺术对于形成城市品牌、增强城市魅力、营造投资环境、提高城市竞争力方面所具有的价值和潜力，探索公共艺术规划的理论和方法。公共艺术作为城市"文化软件系统"或"软实力"的构成要素，正发挥着不可或缺的作用，其外在与潜在的功能、意义以及存在方式和问题，正是理论界、管理部门和艺术文化的生产者应该予以关注的。

公共艺术规划，是随着社会的发展和进步所出现的新兴交叉领域。公共艺术规划建立在现代社会对公共文化艺术价值更加深入认识的基础上，结合城市发展的长远目标和近期目标，使公共艺术建设在快速城市化进程中有步骤、有秩序地进行，避免公共艺术建设的盲目性，有利于把握城市发展的定位，形成城市的特点，突出个性，使城市的文化艺术特色更加鲜明。然而，在现有的城市规划或艺术设计学科中，鲜有公共艺术规划的概念和内容。

从实践层面而言，公共艺术规划主要有以下三个方面的意义：

首先，通过规划引导可以满足快速城市化下民众对公共艺术的需求。随着国家政策的调整，城市化进程日趋加快。好的公共艺术是一个地区文明水平的直接体现，城市公共空间是广大居民基本的生活场所，其建设水平是城市居民生活水平的直接反映。公共艺术在更广阔的空间里对城市产生了直接的影响。优美的环境也是良好人居环境的必要条件，居民的生活水平不断提高，审美观念逐渐加强。本次公共艺术规划研究，就公众对公共艺术文化日渐高涨的需求与城市公共艺术规划的落后这对矛盾进行规划与策略方面的思考。

其次，从中国人文环境特色出发，进行本土化的公共艺术规划研究。公共艺术的规划直接关系到城市的整体格局，涉及城市的现状、历史、文脉、空间、题材等。目前，面对失去个性的众多城市，国内很多公共艺术规划的编制仍在盲目照搬国外的样式。每个城市都有其独特的个性，公共艺术研究面临的问题与解决手段也不尽相同。本书基于中国快速城市化进程的特殊历史与地方文化的独特个性，探讨中外公共艺术史的发展。尊重艺术的创造，必须以符合中国本土城市形象特色为前提。

最后，为未来各个层面公共艺术规划的编制提供理论依据。本书尝试把在地性、公共性和艺术性紧密结合，探索城市公共艺术规划的方法和理论框架。从城市空间及公共艺术现状分析入手，对公共艺术总体布局与公共空间的关系进行研究，对城市空间中公共艺术规划设计与创作提出了控制原则，并探讨规划实施的方法与策略，构建快速城市化进程中公共艺术规划的总体框架，为将来各个层面公共艺术规划的编制提供坚实的理论基础与依据。

1.3 研究内容

在城市公共艺术日益得到重视的背景下，如何把公共艺术纳入城市规划是一个崭新的研究议题，这个问题的研究需要尝试把在地性、公共性和艺术性紧密结合。以往的相关规划研究，在理论和方法上还不尽成熟，不能简单套用城市雕塑规划的现有理论和方法。

为进一步完善城市公共艺术规划的理论和方法，本书从公共艺术理论体系的发展历程开始，对公共艺术的内涵、定义、作用与价值进行阐述。结合时代背景，在快速城市化的特性下，分析公共艺术与城市化进程的相互关系。以杭州与义乌两市为例，对其公共艺术的现状进行详细调研与案例解析，分析公共艺术实践存在的现实问题。在此基础上提出了适用于快速城市化发展的公共艺术规划策略。

具体而言，本书的主要内容有以下三部分：

第一，公共艺术基础理论研究。公共艺术的负载形式多样，在实际操作上难以界定规划涵盖的内容。很多情况下，人们习惯于从艺术理论的角度对公共艺术进行定义，而没有意识到规划控制对象的边界问题。公共艺术概念的模糊，会对公共艺术规划的实施操作带来很大的困扰，影响规划的可实施性。所以，需要在理论的基础上，厘清并发展出适合规划管理的公共艺术的操作性概念，以便分配公共艺术专项资金，确定管理和维护的范围。

研究首先基于中西方公共艺术的相关文献进行基础理论的梳理，对公共艺术的基本内涵及其在理论界中定义的多样化进行归类，基于公共艺术的四个公认定义提出本研究对"公共艺术"的界定，并对公共艺术的作用与价值进行总述。其次，介绍了西方公共艺术发展历程的三个时期：启蒙时期、催生时期以及发展与兴盛时期。最后，基于我国当代的背景，介绍公共艺术的发展历程以及当前我国公共艺术的现实问题。

第二，快速城市化进程下的公共艺术解读。改革开放以来，经济的快速发展推动了中国的城市化进程，也带动了中国城市建设的迅速展开。公共艺术作为提升城市品位的一种重要手段，随着城市基础功能的日益完善而受到重视。然而，伴随着城市化的快速推进，城市公共艺术也出现了一系列发展的通病。

该部分内容首先对当前城市公共艺术存在的问题进行解读，然后针对现实问题对公共艺术规划所能起到的宏观调控作用进行分析，总结规划对城市公共艺术的优化作用。并以杭州与义乌两市为案例地，基于两城市的特征，对公共艺术的现状进行调研分析，提出城市公共艺术分区营建与文化嵌入的思路。

第三，公共艺术规划策略的构建。当今的城市公共艺术规划乃至整个城市的规划与更新，应在规划学、景观学、艺术学等学科的基础上，考量城市的空间结构与发展节奏。从政府、规划师、艺术家、民众等角度，有策略有步骤地进行，避免早期城市建设活动中公共艺术无序现象的重演。

该部分内容首先对当前我国公共艺术的相关政策进行阐述，明晰公共艺术在国家宏观政策体系中的现状。然后对公共艺术的价值和潜在愿景进行梳理与介绍，明确公共艺术在城市对物质空间塑造与精神文化提升的价值。接着，从理论层面对公共艺术规划的原则、内容、目标与框架进行总述。最后，从公共艺术规划所涉及的各主体出发，基于实践层面对公共艺术规划的前期、中期、后期行动纲领进行阐述，并对公共艺术规划提出三条具体的策略。本部分内容通过对公共艺术规划策略进行全面介绍，以期对我国城市管理者在公共艺术规划与管理层面提供参考，规范城市公共艺术的程序化管理。

1.4 研究方法与框架

1.4.1 研究方法

本书结合多种研究方法，通过发挥各种方法的优势，让研究更加全面、准确、真实。主要研究方法由理论分析和实证研究两大部分组成。研究借鉴国内外公共艺术规划的理论成果、实践经验以及其他相关学科（如城市设计和规划等）的理论，对公共艺术规划相关文献进行搜索。其中，对我国城市雕塑规划的启发在于：虽然很多城市对公共艺术的认知仍然主要停留在城市雕塑的范畴，但是这个过程中积累的经验、思路、手段及方式，依然是快速城市化进程下城市公共艺术规划问题研究值得借鉴的。通过国内外城市公共艺术的理论研究经验及建设实践总结，探求符合我国快速城市化进程下公共艺术规划问题研究的方法。具体可以分为三个步骤进行阐述。

第一，理论推演与实证相结合。通过大量的文献搜索，对我国快速城市化的轨迹、特征、内涵以及该模式下城市规划行为的特点、该过程对公共艺术的影响进行研究和分析，同时对城市公共艺术的本质、特征、设置规范及其与受众之间的种种关系进行研究和分析，了解城市公共艺术所经历的各个不同阶段，从宏观和微观上奠定理论基础。

综合城市规划、城市空间研究、公共艺术设计等学科相关研究的成果，在此基础上探讨符合城市公共艺术规划的实用性理论。以历史发展的实证结果验证我国城市公共艺术发展过程，研究公共艺术规划的内在规律，突出定性和定量分析在研究论据组织、评判和理论推演中的重要作用。

第二，实地调研。调研工作在本规划研究中居于重要地位，通过制定详细的调查计划，在实施过程中注重实效，保证调研的结果具有实际指导意义。以杭州和义乌两个城市为例，对城市公共艺术进行实地调查。通过对城市公共空间重要节点进行实地走访，避免理论脱离实际，为研究提供众多的一手资料和实践经验（调研访谈样表与部分调研案例数据参见附录一、附录二）。具体研究方法采用文献研究、访谈、问卷调查、实地观察记录等方法，充分利用资料，运用多种方法分析文献和数据，编制公共艺术作品分布图与作品综合评价表。

在实证研究中，综合采用结构式访谈、结构式观察、空间分析、案例分析等方法对公共艺术品的现状进行调研，从而达到以下两个目的：（1）对现有公共艺术所起到的社会效益进行客观评价，以调研判断艺术品的"公共性"是否实现；（2）分析公共艺术品的自身品质、各种空间布局特性对实现其社会效益的影响，进一步提出加强公共艺术品社会效益的各种方法。本实证研究的优点在于翔实的案例调研。与前人的研究相比，无论是访谈还是观察法，采用的不是统计性、概括性的描述，而是扎实的系统观察数据辅以问卷数据，从而发掘哪类艺术品受到更多的关注和喜爱，哪些艺术品存在问题；再从中微观空间属性、艺术品自身特色、维护情况等各方面阐述原因。

第三，比较研究。结合国内外各种类型的城市公共艺术规划案例，进行横向比较。借鉴不同城市的实践经验，探索针对不同条件的城市公共艺术规划模式。通过对具体案例的分析，从特殊到一般，从中获取多种启示和经验，为后续城市规划的发展提供现实的案例支持。

1.4.2 研究框架

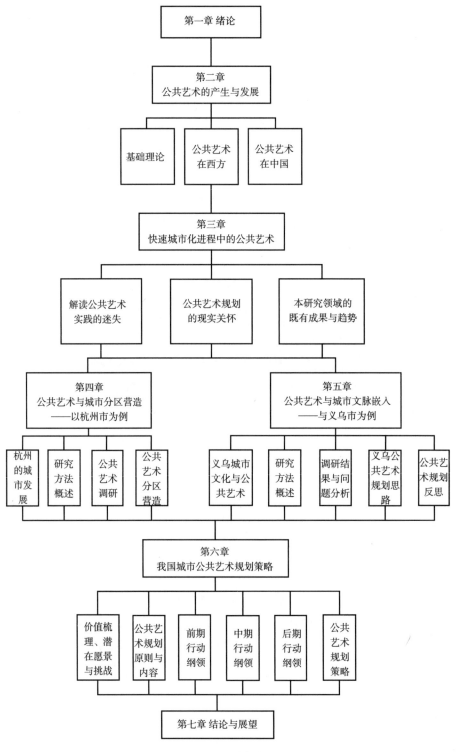

图 1-1 研究框架图

第二章 公共艺术的产生与发展

本章内容由三部分组成。首先，基于中西方的相关文献，进行公共艺术基本理论的研究。公共艺术内涵的时代变化使公共艺术的定义不断被改写，但至今仍缺乏统一、明确的定论。通过对国内外公共艺术多元化视角的定义研究，提出公共艺术规划中公共艺术的概念界定，并对公共艺术的作用与价值进行总述。其次，介绍西方和我国公共艺术的发展历程。西方公共艺术的发展主要经历三个时期：公共思想萌芽的启蒙时期、后现代主义文化下的催生时期以及公共艺术政策推动下的发展与兴盛期。最后，回到对我国公共艺术的关注，聚焦于它在我国的发展历程以及当前现实问题的剖析。我国公共艺术的发展主要以改革开放为分界线，可划分为两个阶段：改革开放以前的民主思想与公共艺术萌芽时期、改革开放后当代公共艺术的转型与发展时期。在公共艺术迎来建设热潮的同时，不应该忽视其实践中存在的大量问题与挑战。

2.1 基础理论

2.1.1 内涵广泛的公共艺术

公共艺术作为一种区别于架上艺术的新门类，其产生最初与18世纪启蒙运动有关，该时期公共性与公共领域的概念为公共艺术的出现奠定了思想基础。随着工业化的发展，城市沦为生产的机器，各种生态、社会与文化危机屡屡爆发，具有综合、开放、多元与大众化特征的后现代主义应运而生，取消了精英与大众文化的界限。在艺术界，艺术的大众化特征使艺术家作品开始走出博物馆等封闭的高雅空间，更多地融入人们的生活中，由此产生了区别于架上艺术的公共艺术。

从历史发展的历程看，公共艺术大规模诞生于美国"二战"后的城市开发与建设过程中。为了实现对城市空间的有效利用，大量摩天大楼拔地而起，加之钢筋、水泥和玻璃等各种新型材料的运用使城市空间变得冷漠并失去特色。为了改造城市公共空间环境、资助"战后"艺术家群体，美国开始大规模兴起城市公共艺术建设，大量艺术品被置于公共空间中，也由此而得名"公共艺术"（Public Art）。

由于公共艺术兴起于改善城市环境的初衷，它更强调与公共空间的协调与融合，即场域性，其设计也更强调公众的参与意识（周秀梅，2013）。公共性成为了公共艺术的重要特征。正是由于这个特征，才使它们走出了美术馆、博物馆等封闭的艺术空间，超越艺术圈成为公共空间的艺术品。在公共性层面，孙振华（2015）认为，"公共艺术具有艺术公共性的共同特点，作为艺术的分支，它又具有自身的特殊性：第一，公共艺术是艺术发展到一定阶段的产物，它有鲜明的时代性（大众文化时代），而艺术的'公共性'是历时性的，有艺术以来就有公共性；第二，公共艺术对公众的参与性、互动性以及社会认同的普遍性有着更高的要求。"因此，公共艺术是面向广大受众的，并设置在能够引起公众注意的区域，意味着提供某种教育性、纪念性或互动娱乐性等体验，并能传递作品本身的信息，能得到大众的普遍理解。公共艺术不仅打破了不同艺术之间的界限，还提供了一种艺术家与民众、艺术与公众之间对话的可能。一个成功的公共艺术家应该懂得与公众对话的技巧。而对于公众来说，参与艺术的过程就是艺术熏陶的过程，也是艺术领悟的过程，公众审美趣味与文化修养的高低影响着与艺术对话的质量高低。公众艺术素养的提高成为城市艺术文化向良好空间发展的重要因素。

随着时代的发展，公共艺术的内涵范畴同样在扩大。现代意义上的公共艺术内涵广阔、寓意丰富。公共艺术并不是单一指某一种艺术的表现形式，而是存在于公共空间中、能够与公众发生关系的、具备公共性的某种思想方式。它具备交流、开放、共享的精神，体现社会对于民主化进程与公民公共权力的审视与重视。同时，公共艺术也从美学、哲学、艺术观念的角度入手，展现出一个城市的特定文化现象与发展理念，其艺术性、文化性和职能性表达的功能也对城市文化的建设与城市思想的形成起到引导作用。

因此，公共艺术并不拘泥于其艺术形态，关键在于它所代表的艺术思想与城市关系中的一种积极向上的价值取向。这也是公共艺术区别于景观艺术、城市雕塑等静态的建筑体而具有的精神力量。无论我们对于公共艺术是否有清晰的界定，它确实诞生于公共空间和环境，并且承担着包括创造优质公共生存空间与环境、实现文化传承和自由交流等多方面的角色，是代表社会和艺术发展的一种当代城市的空间艺术形式。公共艺术是公共空间中的文化实践和审美载体，隐含着城市公共领域复杂的历史性和矛盾性，建构和丰富着城市的文化。

今天，有关公共艺术的定义在继续被改写，其概念也不断地受到新的冲击和重构。公共艺术的定义尚缺乏统一的、明确的定论。当今的城市公共艺术已经与城市建设、居民小区建设紧密相连，公共艺术的概念不再局限于城市雕塑，城市景观、城市设施、城市规划也成为公共艺术的一部分（陈立勋、董奇，2012）。

2.1.2　多视角的定义之辩

在我国，城市公共艺术是近20年来才从西方引入的一个概念，其定义仍存在不少争论。学者对于公共艺术的概念有不同层面的理解。早期，当代公共艺术的奠基者袁运甫（1989）认为，"公共艺术是艺术家以与环境的外在形态和风格指向协调一致的艺术语言进行创作的比较特殊的大型化艺术形式，它是为公共建筑、环境及群众性活动性场所和设施进行设计和制作完成的大型艺术，它包括壁画、雕塑、园林，以及城市景观的综合设计等内容"。孙振华（2003）把公共艺术的定义分为三类：第一类，公共艺术是公共场所的艺术。这种看法，侧重从物质空间的角度看待公共艺术。第二类，公共艺术包括公共空间中人的艺术活动，例如表演、行为艺术、广场艺术等。第三类，公共艺术是一个当代艺术的概念，它的含义包括如下方面：公共艺术必须具备"公共性"。它体现了公众对公共事务参与和分享的权利；公共艺术具备必要的制度背景支持；公共艺术的形态和手段是丰富多样的，其物质载体也极其广泛多样；公共艺术突出的特征是，强调公众的广泛参与和互动，强调对公众广泛关心的社会问题的关注，强调实施的过程性，强调与社区的联系，强调环境的针对性等。包林（2008）认为，"所谓公共艺术（Public Art）不是某种风格或流派，也不是某种单一的艺术样式。无论艺术以何种物质载体表现或以何种语言传递，它首先是特指艺术的一种社会和文化价值取向。这种价值取向是以艺术为社会公众服务作为前提，通过艺术家按照一定的参与程序来创作融合于特定公共环境的艺术作品，并以此来提升、陶冶或丰富公众的视觉审美经验的艺术。公共艺术的表现形式、承载的功能和材料的运用各不相同，但其'公共性'则具有显著的一致性"。

在表现形式上，相关理论界认为公共艺术有非常多的负载形式，不但包括视觉艺术，还包括音乐、事件、行为艺术。中央美术学院的余丁指出 ❶，"它也许会和建筑物合为一体或会导致一个新的建筑学空间的诞生；也许是新的公共空间、景观美化（硬性或软性的）、艺术围墙和栅栏、艺术砖砌、艺术琉璃、艺术大门、艺术窗户、艺术照明、休闲空间、游乐场所等；或许只是艺术字体雕刻及墙上装饰的薄金属板或瓷片等。它也可能是采用织锦挂毯、地毯、编织等纤维艺术、悬挂的幔帐、旗帜或横幅；也可能是运动雕塑、陶雕、瓷雕、内部灯光艺术照明、艺术标注或艺术铺路等。它可以是雕塑、地界标、纪念碑、大地作品、摄影、版画、绘画、影像、投影、高科技艺术、表演、事件、

---

❶　参考来源：http://www.bjsculpture.org/academe/_feature05012811.htm（余丁. 公共艺术与城市——以美国为例.）

诗歌朗诵、音乐舞蹈等不一而足"。

由此可以看出，随着城市建设的发展，公共艺术内涵随时代进一步拓展，其定义也逐渐宽泛化。从最初的大型艺术，到公共场所的各种形式的视觉与行为艺术，接着以公共性为基础，公共艺术的定义被进一步拓展到社会文化的价值取向层面。

在西方，对于公共艺术的定义也具有多样化特征。美国著名学术网站Project for Public Spaces（PPS）总结了公共艺术的三项主要特征：（1）公共艺术是由一种非常公共的过程所委任的。在选择艺术家、场地和艺术作品中，社区具有一个清晰而明确的限定作用。（2）公共艺术的创作由公共经费支持，特别是百分比艺术条例。这样委任的艺术会满足更多受众的要求，而不仅仅是艺术家和选择委员会的成员。艺术家在创造时也会遇到与私人项目不同的"义务"要求。（3）公共艺术具有长期性，如果出售或者移动要经过复杂程序。

美国印第安纳波利斯对公共艺术的定义为"现在，在许多的现代化城市中，艺术家与建筑师、工程师、景观设计师共同合作，以创造视觉化空间来丰富公共场所。这些共同合作的专案包括人行步道、脚踏车车道、街道和涵洞等公共工程。所有这些公共艺术表现方式，使得一个城市愈发有趣与更适合居住、工作、参访"（王中，2009）。在美国费城的公共艺术中，甚至将其称为"没有墙的博物馆（Museum Without Walls）"（PennPraxis for the City of Philadelphia，2009），这也是对公共艺术在城市环境塑造中突出作用的肯定。

在公共艺术实践层面，西方的学者认为，公共艺术一般被用来描述为公众开放空间所委托的作品。所有位于美术馆和博物馆之外的空间艺术实践形式都可以被视为公共艺术，这也是公共艺术最为广泛的定义（Miles，1997）。有学者也对该定义进行了限定，认为公共艺术除了是博物馆和美术馆之外的艺术，还必须至少符合以下一项特性：（1）在一个公众可以到达或看到的地方：公开的；（2）涉及或影响社区或个体：公共利益；（3）为社区或个体所维持或使用：在公共场所；（4）由公众为其支付：公费的（Cartiere and Willis，2008）。此外，加拿大伦敦市的公共艺术计划还认为，景观建筑和景观花园（除非这些元素是艺术家设计的，或它们是艺术家作品的有机组成部分）以及容易移动的艺术作品（如绘画、图画、模型和书本）等并不属于公共艺术的范畴（City of London，2009）。

由此可见，在西方的公共艺术规划文件和学术文献中，公共艺术有四个公认的基本定义：（1）公共艺术是设置在公共场所，对公众完全开放的艺术品。它有露天博物馆之称，使民众能方便地欣赏到艺术，得到艺术的熏陶。这一点对公共艺术规划而言，特别要求规划要能在微观空间布局上保障"自由到达"这一属性。（2）公共艺术规划中的艺术是指"视觉艺术"。尽管公共艺术不一定要以视觉艺术的方式表达出来，也可以是声音、电视和网络上的媒体。但在讨论艺术和城市复兴的联系时，主要关注视觉艺术（Sharp et al.，2005）。（3）与具体场地的关联度。公共艺术品可以有非常多的表现形式，但有一个共同的特征，即它们是属于具体场地的，与特殊场地的文脉相关联（图 2-1、图 2-2）。（4）原创性。例如，美国 Clearwater 市规定（City of Clearwater，2007），标准设计所产生的大批量生产的艺术物品，如游戏场器械、喷泉或雕像；指示性的元素，如大地图、标志和分类标识图等均不属于公共艺术品的范畴。PPS 学术网站规定 ❶，如果美术印刷品或照片的复制品在 200 件以上就不算公共艺术品，除非它们是艺术家设计的有机组成部分。

图 2-1　德国汉堡港口区街头指示酒吧位置的壁画　（来源：作者自摄）

图 2-2　捷克布拉格街头咖啡厅外面的艺术化桌子　（来源：作者自摄）

---

❶　参考来源：http://www.pps.org/reference/pubartdesign/（Design and Review Criteria for Public Art）

西方公共艺术的原创性定义对我国的公共艺术实践而言十分关键。我国很多公共艺术西化的原因在于，不理解其他国家公共艺术的设计背景与文化内涵，而仅仅从外观的形式出发。由于城市雕塑创作市场混乱、信息面窄等方面的原因，一些创作水平不高的作品在多个城市重复建设甚至"批量生产"，影响我国整体城市形象的提升（黎燕、张恒芝，2006）。陈娜（2010）指出，近年来，我国城市发展的速度非常快，与城市发展相配套的城市雕塑建设也已不再是雕塑家们的专行，建筑的工程承包商、装修人员以及一些并不具备雕塑创作能力的人员也参与到这一领域，甚至有雕塑厂家根据图片直接翻制。雕塑家在城市雕塑发展中的作用被否定，城市雕塑管理机构也因缺乏相应的法律依据而没有起到相应的作用，造成当下城市雕塑低质量工程层出不穷。

大多数西方城市都有"艺术百分比"计划为公共艺术的持续健康发展提供稳定的资金来源，它们的公共艺术规划中，对公共艺术品的定义都有非常明确的限定。因此，在进行公共艺术规划研究之前，应首先对公共艺术的定义进行限定，明确控制对象的边界。而从规划的角度看，在较为宽泛的意义上使用公共艺术的概念更为适合。

综合以上特征，本研究结合艺术学与规划学的特征，对"公共艺术"的概念进行界定，即公共艺术指任何公众能容易达到或容易体会到的艺术品或经过艺术处理的具有原创性的物品。包括各种形式，如城市雕塑、墙绘壁画、经过专门设计的景观小品、大地艺术、行为艺术、声光艺术以及艺术化的公共设施等永久性和临时性的物品，如井盖、铺地的纹样、照明以及其他具有一定功能的要素。换言之，无论是通过公共还是私有的经费得到，只要是艺术家设计的、具有原创性的，安放在公共领域的物品就是公共艺术品。如果美术印刷品或照片的复制品在 200 件以上就不属于公共艺术品的范畴，除非它们是艺术家设计的有机组成部分。

2.1.3　公共艺术的价值

城市公共艺术品具有多个层次的作用和价值。Selwood（1995）在《公共艺术的益处》一书中指出公共艺术可以为城市带来一系列优化价值，包括强化当地的特色、吸引投资、推进文化旅游、提高土地价值、创造就业机会、增加城市空间的使用、减少破坏行为等。时向东（2006）则把公共艺术介入城市问题的功能归纳为四个方面：改善城市环境，缔造城市景观、体现城市文化，丰富城市生活，促进城市公共文明。王中（2007）认为，其作用有七点：发现作用、拯救作用、沟通作用、提升经济活力、推动社会和谐、增强社区认同以及促进文化繁荣。

在查阅了国内外多份公共艺术规划文件❶以后，按公共艺术的两类主要受众（城市访客和本地居民），把公共艺术品能产生的价值分为"对内、对外"两类。这种分类方法在某种程度上揭示了公共艺术发展的趋势。文献分析显示，西方在早期比较看重公共艺术在塑造城市形象、提高城市竞争力等方面的对外价值，然而，近年来很多政府开始重视公共艺术对内价值的潜力（表2-1）。例如，美国俄勒冈州尤金市的公共艺术规划在目标中明确指出，"建立一个持久的公共艺术藏品库，以此激励社区居民，提升城市的宜居性，吸引游客并成为社区自豪感的重要源泉（Barney & Worth-Inc，2009）。"亚特兰大市则希望借助公共艺术来提升并激活城市公共空间，反映社区价值以及身份认同（City of Atlanta，2001）。

西方公共艺术规划中列举的作用和价值 表2–1

城市及规划名称	城市公共艺术的作用和价值陈述	出处
美国亚特兰大公共艺术规划，2001	借助公共艺术来提升并激活城市公共空间，反映社区价值以及身份认同	City of Atlanta，2001
英国布里斯托尔公共艺术战略，2003	公共艺术战略将公共艺术放置到规划和开发的过程中去，是好的城市设计和建筑设计的有益补充；与新的开发项目相整合；是对新旧住宅区、开放空间、艺术和健康计划、邻里更新的社会性投资	Bristol City Council，200
美国克利尔沃特公共艺术和设计总体规划，2007	在过去几十年中，该城市一直使用公共艺术来创造场所感，改进城市的品质。公共艺术已与城市的日常生活结合在一起	City of Clearwater，2007
美国俄勒冈州尤金公共艺术规划，2009	建立一个持久的公共艺术藏品库，以此激励社区居民，提升城市的宜居性，吸引游客并成为社区自豪感的重要源泉	Barney & Worth-Inc，2009
美国费城公共艺术回顾研究，2009	使公共艺术资源能与邻里复兴、经济发展、创意产业等相互关联	Penn Praxis，2009
美国西雅图	公共艺术计划将艺术家们的构思和作品整合到多种多样的公共场所之中，帮助西雅图得到了富有创造性的文化之都的声誉。公共艺术计划使市民能在公园、图书馆、社区中心、街道、桥梁和其他公共场所与艺术"偶遇"，从而极大地丰富了市民的日常生活，并使艺术家们发出自己的声音	西雅图文化和艺术事务办公室官方网站（http://www.seattle.gov/arts/publicart/default.asp）

对比而言，国内的大部分雕塑规划还停留在西方早期的阶段，片面重视艺术品对外的价值，即帮助塑造城市形象、打造城市品牌、提高城市竞争力，乃至吸引投资、推进文化旅游等功能（表2-2）。事实上，在快速城市化的背

❶ 国外公共艺术规划的内容是直接从官方网站下载的。国内雕塑规划的原始文件资料不容易获得，是通过阅读已发表的期刊文章来了解其内容概要的。

景下，近年来以城市雕塑为代表的公共艺术得到前所未有的发展，这种现象与它的"对外价值"得到了各级政府的认可是分不开的。由于公共艺术基本都由公共资金资助，政府所看重的价值侧重点必定会影响公共艺术主题、形式与布局的选择。因此，提高政府的认识水平，使之全面地认识公共艺术的"对外"以及"对内"价值，是编制一份优秀公共艺术规划的前提条件。

公共艺术规划中艺术品的作用和价值 表 2-2

城市及规划名称	城市雕塑或城市公共艺术的作用和价值陈述	出处	
长沙市城市雕塑规划（2004—2020 年）	进一步提升城市品位，塑造长沙城市的特色形象	长规协纪〔2002〕2 号文件	侧重对外价值 ↓ 对内对外兼重
台州市城市雕塑规划（2005 年编制）	城市雕塑对提升城市建设水平、树立城市文化形象、扩大城市对外交流和推动城市经济发展具有重要作用	黎燕、张恒芝，2006	
哈尔滨城市雕塑布局规划（2005 年编制）	城市雕塑是城市提升自身特色品位的重要载体	于英，2006	
攀枝花市公共艺术总体规划（2005—2020）	城市公共艺术对形成城市品牌，增强城市魅力，营造投资环境，提高城市竞争力方面具有价值	杜宏武、唐敏，2007	
上海市浦东新区城市雕塑规划，2007	通过城市雕塑塑造城市形象、打造城市品牌、提升城市品位、美化城市环境是当代城市发展的重要战略	郑德福，2008	
深圳经济特区城市雕塑总体规划，1998	是实现深圳建设"国际性城市"这一目标的重要手段和标志；强调城市雕塑发展的公众艺术路线，塑造为广大市民所接受的城市雕塑整体形象	周舸、栾峰，2002	
南宁市城市雕塑发展规划，2007	沉淀城市历史，继承发扬人类文明；宣扬城市精神，表达人类社会思想价值；浓缩地域文化特征，彰显城市个性特色；优化城市环境，满足公众审美价值与精神需求	邓春林，2009；林剑，2009	

2.2　公共艺术在西方

公共艺术作为一种区别于架上艺术的新门类，其产生最初与 18 世纪的启蒙运动有关。该时期公共性与公共领域的概念为公共艺术的出现奠定了思想基础。随着工业化的发展，城市沦为生产的机器，各种生态、社会与文化危机屡屡爆发，具有综合、开放、多元与大众化特征的后现代主义应运而生，模糊了精英与大众文化的界限。在艺术界，艺术的大众化特征使艺术家的作品开始走出博物馆等封闭的高雅空间，更多地融入人们的生活中，由此产生了区别于架上艺术的公共艺术。本节介绍的公共艺术在西方的发展历程主要分三个时期：公共思想萌芽的启蒙时期、后现代主义的文化催生时期以及政策推动下的发展与兴盛时期。随着公共艺术的日渐发展，政府对公共艺术的繁荣起到了何种推动作用，这也是本节所要回答的问题。

2.2.1　公共思想的萌芽

18世纪的启蒙主义时期奠定了公共艺术的思想基础，这是一个艺术自觉的时代，它为后来公共艺术的登场铺平了思想的道路。启蒙主义所带来的思想解放，使更多的普通市民通过知识获得了思想上的进步，他们越来越有能力向古老的权威和贵族特权提出挑战，这个时期"公共性""公共领域"概念的正式确立，使他们对介入公共事物有了更多的信心和愿望。以前，文学和艺术一直都是供国王应酬所用，到了这个时期，文化具有了商品的形式，艺术作品成为市场制造的商品。文化与市场的结合，使艺术成为一种可供讨论的文化。作家和艺术家的代理人也出现了，他们承担了向市场发行作品的任务，剧院、音乐会开始向普通的观众"公演"。总之，文化的权力下放了。

总的说来，在社会学的意义上，18世纪有关公共性和公共领域概念的隆重登场，为公共艺术在将来的出现作了思想上的铺垫。但是在文艺学的意义上，公共艺术还没有出现。这是因为，尽管18世纪的思想启蒙和艺术自觉为艺术界带来了根本性的变化，但这个时期的艺术体系和规范是独立的、审美性的。它考虑的问题恰好是划清艺术与社会生活的边界，拉开审美与现实的距离。这个时期是艺术自觉的时期，它的中心任务是强调艺术的独立，强调艺术不同于生活的特殊性，强调专业的艺术家与公众的区别。而公共艺术要解决的问题恰好相反，它是艺术向生活的回归，艺术家向公众的回忆。所以，这个时期不可能出现真正意义上的现代公共艺术。

2.2.2　后现代主义的文化催生

后现代主义给西方艺术带来了转折性的变化，直接催生出当代意义上的公共艺术，后现代主义文化和艺术对公共艺术产生的直接影响表现在以下三个方面。

第一，随着西方形而上学的统一性和整体性的消解，一个文化多元化的局面出现了。在艺术上，出现了一系列的变化：艺术大众化的浪潮使艺术家的话语方式发生了变化，现代主义艺术中个人主义、精英主义的话语方式被生活化、通俗化、平民化的话语方式所取代。艺术更多地深入到人们的日常生活之中，更加关注大众的日常生活问题。艺术与生活的关系发生了变化，艺术的生活化和生活的艺术化打破了传统的二元对立的情形。

第二，后现代艺术的文化转型使艺术的功能发生了变化。人们重新思考艺术与社会问题的关系，重新强调艺术对社会生活的干预以及艺术的现实关怀。一系列引人注目的社会问题成为艺术关注的焦点，如种族问题、性别问题、生态问题、绿色环保问题、社会边缘人群和弱势群体的问题等。多元化的社会使艺术的地域性和文化差异的问题得到了强调，艺术家和公众更强调对一个特定文化背景中的社会、社区、地域的问题进行交流和沟通。

第三，后现代主义对现代主义文化的批评暴露了现代主义文化中的许多问题，例如公共空间的权力问题。什么是权力？权力是个人或群体将其意志强加给其他人的能力。公共艺术在本质上，是一种社会权力的体现。正如福柯所说（包亚明、严峰，1997），"应该写一部有关空间的历史——这也就是权力的历史。"而在人类的生存空间和艺术空间方面，从社会的权力结构来分析，公共艺术的出现，反映了市民阶层对于公共空间的权力要求和参与意向，它与社会公众事物的民主化进程是密切联系在一起的。

2.2.3　政策推动下的发展与兴盛

公共艺术的出现并没有一个统一的口号和宣言，也没有一个具体的标志性事件，与公共艺术的出现有比较直接联系的，就是后现代主义文化所带来的艺术观念上的变化、西方发达国家的社会理论和政策变化以及"艺术百分比计划"等具体艺术政策的推动。例如，法国的公共艺术政策措施就实行得很早。1951 年正式立法通过《百分之一装饰美化建物》，规定各级学校等公有建筑在兴建、扩建时须编列工程经费的百分之一，为基地制作公共艺术。1972 ~ 1981 年间，该法案的使用范围逐渐扩大到其他公共建筑。到 2002 年，法国又重新修订了一份完整的公共艺术法规（见附录三），取代了之前所有的规定与法案（杨奇瑞、王来阳，2014）。在这个基础上，从 20 世纪 50 年代末和 60 年代开始，美国和欧洲有些国家率先出现了与传统城市雕塑和景观艺术在观念上有所区别的作品，这种艺术就称为"公共艺术"（图 2-3）。

图 2-3　法国巴黎阿拉伯世界文化中心外墙的窗户设计　（来源：作者自摄）

随着公众越来越多地参与到公共事物中来，艺术精英主义消失，许多西方政府越来越重视公共空间的开发问题，制定了一系列有利于公共艺术发展的政策。例如，1965 年，美国正式成立"国家艺术基金会"（National Endowment for the Arts），第一年预算为 240 万美元，到 1989 年其预算已达到 1.69 亿美元。短短的 23 年增长了 70 倍。"向美国民众普及艺术"成为国家艺术基金会的两大宗旨之一。不仅联邦政府，许多州政府也非常重视艺术，对艺术予以拨款。其实施的"公共艺术计划"（Arts in Public Place Program）直接赞助公共艺术，成为公共艺术基本概念确立和公共艺术大规模实施的标志。

西方以及其他发达国家的公共艺术正是有了这些具体政策的支持和保障，才拥有了一个良好的发展空间。如果说公共艺术与其他艺术有什么不同的话，很明显的一点是它更依赖政府社会、文化政策的扶持，这对公共艺术的发展十分重要。

2.3 公共艺术在中国

本节介绍公共艺术在我国的发展历程。公共艺术在我国的发展，与我国政治经济发展的时代大背景密不可分，可划分为两个阶段：改革开放以前的民主思想与公共艺术萌芽时期、改革开放后当代公共艺术的转型与发展时期。在这两个阶段，公共艺术的社会背景、表现内容、题材、精神内涵等是如何体现与变化的；随着公共艺术实践在我国的不断成熟，乃至在今天迎来建设热潮，它又面临哪些重要的挑战。这些都是本节将要回答的内容。

2.3.1 民主思想与公共艺术的萌芽

随着五四运动的思想启蒙，一批雕塑家从海外回国，使传统的中国雕塑产生很大转变。20 世纪中国公共艺术的萌芽是以李金发、刘开渠、曾竹韶等一批从西方特别是法国学成归国的艺术家为代表，把西方古典写实雕塑与中国传统艺术相结合，探索具有民族特色的现代中国雕塑语言的过程。李金发、曾竹韶等努力从写实中强化雕塑的民族文化背景。此外，中华人民共和国成立前的公共艺术，很大一部分是属于殖民化的结果。城市雕塑在该时期的存在形式一般与殖民建筑的装饰有关，其数量也极为有限（李国亮，2009）。由于社会动荡不安，中华人民共和国成立前的中国雕塑发展步履维艰。

1949 年以来至改革开放前，公共空间艺术的表现内容受到较大的限制，通常只以国家政治文化下的纪念性与宣传性题材为主，即通常所说的"宏大叙事"，或者对英雄人物或政要人物进行歌颂。因此，大型人物雕塑经常以"纪念碑"的形态出现。从"人民英雄纪念碑"浮雕（图 2-4）开始，政治性雕塑题材一直占据着公共空间艺术表现题材中的很大一部分。"文革"期间，民主制度遭到很大程度的破坏，"公共性"难以存在，也就很难谈什么公共艺术了（王中，2014）。

图2-4 《胜利渡长江，解放全中国》（人民英雄纪念碑浮雕）❶

2.3.2 当代公共艺术的转型与发展

中国公共艺术的"当代"概念主要指改革开放以来至今的近40年时间。20世纪七八十年代以后，公共艺术的表现内容、题材及其精神内涵才逐步显现出当代公共艺术的基本倾向。这个时期的公共艺术发展主要与三种力量密切相关：政府的行政决策、城市商业经济的繁荣、西方公共艺术理论的引入。具体可以分为以下三个阶段（王洪义，2015）。

20世纪80年代的城市美化阶段。随着中国政治、经济、文化、社会各个方面的重大转型，美化城市成为这一阶段政府的行政目标。同时，这一时期出现了"城市雕塑"的概念，对于中国城市雕塑或公共艺术的发展有着重大的新意义，显示了城市雕塑在这一时代城市文化建设中的重要地位，意味着中国城市雕塑建设与发展的文化自觉与意愿。此后，在城市公共空间中开始大量出现城市雕塑，相关机构也应时成立。中国的城市雕塑进入了一个快速发展的时期（李建盛，2012）。因此，城市雕塑自然而然地作为一种美化城市的手段而受到政府的关注。此时的公共艺术为政府主导实施，以体现官方意志为主，公众的精神文化诉求难免被忽视。

20世纪90年代的城市建设阶段。公共艺术是文化现代化的产物。在城市物质化建设日益得到完善的背景下，城市文化的发展催生了新的城市公共空间，推动着城市艺术更新与发展的需求。这一阶段公共艺术的概念开始从西方引入，同时，由于中国城市经济急剧发展，地方政府为了提升城市形象和追求政绩，大规模展开城市建设工程。资本力量对公共空间的影响力逐渐加大，出现了大量适合公共艺术用武之地的公共空间，如具有消费性质的专题性雕塑公园、休闲娱乐主题公园、商业街和城市广场等。同时，为了吸引

---

❶ 图片来源：http://www.chnmuseum.cn/%28S%28kfz0pyvaxaere33ny0ljjdyg%29%29/Default.aspx?TabId=236&ExhibitionLanguageID=446

消费者，公共艺术在形式手法上显得更加灵活多样，写实、变形、抽象、波普等艺术风格交错混杂，形成了该时期特有的视觉混乱场景，也逐渐挣脱了20世纪50年代以来政治意识形态纪念性与宣传性的束缚。

21世纪以来的公共性强化阶段。随着人们公共性意识的增长，公共艺术的共享性与公众参与性越来越得到各种城市主体的重视，城市艺术文化建设开始从单一的城市雕塑走向综合的公共艺术。这一阶段，鼓励公众参与的公共艺术创作活动逐渐显现，实践活动也日益多元化。一批艺术家对艺术形式语言及材质语言不懈地探索及贡献，使中国公共艺术开始逐步迈向以自己的方式关注社会公共文化与公共精神的层面，也渐渐开始注意到公共艺术与社会及生态环境关系等问题。

其中最具影响力的当属大型城市雕塑《深圳人的一天》（图2-5）。《深圳人的一天》被认为是国内真正意义上的公共艺术品的开始，在参与方式上实现了真正的公众参与，在内容上讲述了老百姓自己的故事，实现了可贵的"公共性"，在国内也引起了广泛的关注。《深圳人的一天》这个项目最大的特点是在整个策划、组织、实施的过程中，采用与以往不同的方法，所以有别于一般的城市雕塑项目。1999年11月29日，由雕塑家、设计师、新闻记者组成的几个寻访小组，遵循陌生化和随机性的原则，在深圳街头任意寻访到了若干位来自社会各阶层的人们，征得他们的同意后，雕塑家按照在找到他们时的真实动作和衣饰，采用翻制的方法，完全真实地将他们铸造成等大青铜人像，并记录他们的真实姓名、年龄、籍贯、何时来到深圳、现在做什么等内容，竖立在园岭街心花园。作为铜像背景的是四块黑色镜面花岗岩浮雕墙，上面雕刻有《数字的深圳》等一系列关于1999年11月29日这一天深圳城市生活的各种数据，包括国内外要闻、股市行情、外汇兑换价格、农副产品价格、天气预报、晚报版面、甲A战报、深圳市地图、电视节目表、1979～1999年深圳市民生活大事记等。环绕塑像和浮雕墙的，是一个占地6000多 m^2 的园林，这里有座凳，供市民休息的凉亭，还有蜿蜒曲折由青石板铺砌的散步小径等。

《深圳人的一天》的策划者在这个公共艺术的项目中提出的口号是"把雕塑家的作用降到零"。其强调严谨、理性的方法论意识，使它的每个结论都有数量的依据，始终贯穿了一个公共艺术工程必须尊重民意的思想。过去，许多以人民的名义进行的社会公共项目由于没有引入民意调查和统计学的方法，完成以后，老百姓的意见究竟如何，没有任何量化的数据。《深圳人的一天》项目完成后，规划师和雕塑家又针对社区居民和参观者进行了一次社会调查问卷工作，对于项目的社会效果和公众反映进行了解，调查分为"总体环境与空间评价""铜像的评价""被调查者的背景资料""意见与建议综合"四个部分。许多观众提出了好的意见和建议。这种具有社会学特征的尊重民意、重视数目与量化依据的思想，使公共艺术呈现出更丰富的社会与人文学科性质（陈立勋、董奇，2012）。

图 2-5 《深圳人的一天》大型系列雕塑 ❶

2.3.3 公共艺术实践的迷失

自快速城市化以来，大规模的城市建设带动了以城市雕塑为代表的公共艺术建设的热潮。有数据表明，近年来，公共艺术在中国发展势头异常迅猛。2009 年，据中国雕塑院的普查统计表明，在全国 661 个城市，已立起的 6 万多件雕塑中，有 81% 是近 30 年来所创作的 ❷。其中虽然涌现了很多被人称道的精品佳作，但滥竽充数之作也屡见不鲜。这些作品既不具备审美价值，又不能得到市民的接受和认可，成为尴尬的城市空间陌生品甚至是垃圾（竹田直树，1989）。很多研究者和艺术家对公共艺术的现状问题都有过阐述。总体而言，当前我国公共艺术存在的问题主要有以下五个方面：

第一，总量不足。不少国内城市都与国外城市进行过雕塑总量、密度等属性的对比研究。例如，张仁照（2000）在对宁波现有城市雕塑进行了摸底调查之后，把宁波的城市雕塑与同样是历史文化名城的美国费城进行了比较，发现宁波城市雕塑还有很大的发展余地。又比如，上海金山区雕塑规划前期研究发现，中心城区与镇区公共开敞空间雕塑太少，尤其是镇区和社区，有些镇区和社区甚至没有一个高水准的雕塑作品（杨勇，2008）。很多城市都提出，公共艺术品数量的不足，与没有稳定的经费来源有关。借鉴在美国盛行的艺术百分比计划来解决经费问题成为很多城市的首选。

第二，质量有待提高。不少艺术品本身的质量不尽如人意。首先，从整体来看，内地公共艺术的发展还处于较低的层面，在艺术形态上比较单一。时向东（2006）认为，内地的城市雕塑面临着泛滥的危险。不管环境需不需

---

❶ 图片来源：http://www.tjsdds.com/
❷ 参考来源：微信文章，"艺术问政"——艺术界两会系列报告：艺术的公共性转身与制度规范

要，一律采用雕塑的形式，似乎没有城市雕塑，一个城市的现代化建设就不能完整地体现，城市雕塑成为一种现代化和精神文明发展的象征。从这个角度讲，国内的许多城市雕塑与公共艺术的追求并不在一个层面。其次，就城市雕塑而言，尽管已经有相关的法规条文来确保雕塑的艺术质量 ❶，但还是存在不少雕塑具有形式雷同、贪大求快、语言单一、立意肤浅等缺点。题材不够多样化与艺术水准不高是这类批评的焦点。浙江宁波的雕塑调查分析显示，1996 年以后的作品中，有 46% 的作品选用不锈钢为材料。这种不锈钢雕塑作品的过多采用并非属于正常（张仁照，2000）。上海金山区雕塑规划前期研究发现，现状雕塑以纪念性和装饰性为主，未能体现金山地域特征和风土人情，题材较为单一（杨勇，2008）。还有很多学者指出，许多雕塑属于模仿照搬之作，艺术水平低劣。例如，《深圳人的一天》中的都市男女的克隆版、王府井大街《民俗系列》中人物的姊妹篇，在许多城市步行街都会找到（张雷，2009）。本应作为贴近地域文化传统和市民生活内容的景观，成为肆意模仿与粗制滥造的垃圾。在这种状况下，更有学者呼吁，要避免因城市雕塑无序的"批量生产"而加重的"千城一面"现象的发生（黎燕、张恒芝，2006）。

由于以城市雕塑为代表的公共艺术一旦完成，会因种种原因导致很难将其拆除。因此，城市规划、城市雕塑设计中的点滴疏漏，都会被遗憾地留在我们的城市生活中，成为城市建设的败笔。质量不过关的艺术品会导致对城市整体环境品质的伤害。我们需要从加强艺术家能力的培养、优化艺术家和艺术品的选择程序等多方面提高艺术品本身的质量。

第三，空间布局有待优化。在很多相关的期刊文章中，都对艺术品的布局问题进行了批评。然而，不少批评停留在比较笼统的层面，例如黄耀志等（2010）指出城市雕塑的建设与发展存在着"布局随意"等问题，并没有给出具体的例证或分析。那么何谓"布局随意"？我们能不能更具体地分析布局问题呢？经过文献整理和理性思辨，本研究认为可以在宏观和微观两种尺度下考虑由于空间布局不当所造成的问题（表 2-3）。

公共艺术品布局问题的层次分解　　　　　　　　表 2-3

层次	效果	注释
宏观布局	公平性	国内规划很少考虑
	艺术品设置的结构和层次	国内规划重点考虑
微观布局	艺术品与环境协调性	国内规划常有考虑
	艺术品能否让公众方便达到并欣赏	国内规划很少考虑

❶ 文化部、建设部1993年颁布的《城市雕塑建设管理办法》第八条规定，城市雕塑的创作设计必须由持有《城市雕塑创作设计资格证书》的雕塑家承担，以确保城市雕塑的艺术质量。

宏观尺度下的布局问题，可以分两方面考虑。其一是公平性的问题，即在城市整体的尺度下审视，艺术品的布置不均衡，违背了公共物品供给的公平性原则。例如，杨勇（2008）在上海金山区雕塑规划的前期研究中发现，现状雕塑大多布置在政府广场、城镇中心广场或公园绿地内，而与百姓生活更为密切的商业街和街头绿地等公共空间，雕塑则相当缺乏。其二是艺术品设置的结构和层次问题。这一点是规划师们在雕塑规划中重点考虑的内容。例如，黄耀志等（2010）指出，城市雕塑的规划不仅仅是某个雕塑作品的定点定位，而是对整个城市的雕塑作品的布局、分级与分系列的控制与引导。

微观尺度下的布局问题，也应分两个层面考虑。其一是公共艺术品与环境协调性的问题。除了作品本身艺术水平不高的原因以外，艺术品得不到公众认可，还有另一方面的因素，即作品难以与环境融合。在上海市浦东新区的城市雕塑研究中，郑德福（2008）将现状雕塑的问题分为四种类型。其中两类问题（补白型雕塑和格格不入型雕塑）的出现往往是由于项目委任者或创作者在规划和设计阶段缺乏对所在空间环境的分析与推敲，不顾雕塑与环境的共生性所造成的。其二是艺术品是否能被公众方便到达并欣赏的问题。西方规划非常重视这一问题。美国知名的学术网站"公共空间计划"（PPS）提出了多项艺术品的安置标准[1]：公共艺术品在场地内安置方式应确保艺术品安放在显著的位置，并能被清楚地识别出来；安置在室内的艺术品应该至少在正常开放时间段对全体公众开放，而不需要特别的门票；安置在室外的艺术品应24小时开放，在公园的则在正常开放时间都可达。此外还给出了七点微观层面的详细布局要求。对比而言，国内的雕塑规划中有关布局的规定几乎都是大尺度的，对微观尺度的艺术品安置方式少有规定。这体现出国内规划师还没有充分认识到小尺度布局因素对艺术品效果的重大影响力，需引起注意。

第四，公共性不足。在学术界，公共艺术的"公共性"特征被很多人所强调。鲁虹（2004）认为，严格意义上的"公共艺术"在中国并没有出现，"因为在中国现阶段，广大人民群众对于在公共空间里如何安放艺术品，从来就未曾拥有过真正的发言权"。

深圳雕塑院院长孙振华（2009）认为，公共艺术的基本观念之一是公共性。他提出公共性是区别公共艺术与城市雕塑的一个重要标准。如果有城市雕塑具备了公共性，它们就可以同时被称作是公共艺术。城市雕塑对于公共艺术而言，只是众多的可能方式中的一种，即公共艺术可以借助城市雕塑的方式实现它的公共性。这种观念被不少学者所认同。的确，很多学者观察到公众对城市中的艺术品处于被动接受的局面。即使在西方，到20世纪80年

---

❶ 参考来源：http://www.pps.org/reference/pubartdesign/（Design and Review Criteria for Public Art）

代公共艺术中精英与大众之间的矛盾还屡见不鲜。直到后现代主义时期，真正的公共艺术才崭露头角。艺术开始庸俗化、生活化、平民化，并且越来越强调与公众的交流和互动（钟远波，2009）。

在中国，仍然有不少艺术家以文化精英自居，任凭自己发挥个性，将其神秘莫测的艺术作品强加在公共空间中，这往往会导致公众对艺术品的反感。以南宁市为例❶，近年来由于建设的部分城市雕塑不被广大市民所接受，先后拆除了凤凰高飞、五象、朱槿花三座主要城雕。其中朱槿花雕塑建于2002年，由澳大利亚DCM建筑事务所设计，仅仅经历8年就寿终正寝。这个事件引起了媒体的关注：为何这些造价不菲的雕塑在建设、拆除的过程中，不充分征求市民的意见？建设城雕时，政府部门能不能给民众更多的"话语权"？解决公共性问题的钥匙显然在于提高公共参与的程度。然而，如何设计公共参与的方式使之不流于一种形式，如何靠法规条文落实公共参与的具体内容使之不成为一句口号，仍然是亟须讨论的议题。

第五，原创性缺失。当前城市中存在不少公共艺术品不重视原创性，工厂化生产，出现了很多抄袭的作品。部分公共艺术策划人及创作者审美境界不高，作品内容及风格有单调雷同的趋向。在大众文化盛行的背景下，艺术家迁就大众的现有素质和眼光，进行"媚俗的设计或交易"，脱离自然环境和人文环境，缺乏地域性和协调性，产生了不少城市垃圾。如有一些城市出现"拓荒牛"的雕塑，其实是对深圳特区"拓荒牛"的简单模仿。再如，杭州三墩丰庆路口的"LOVE"雕塑（图2-6左），本应是婚庆一条街的点睛之笔，而事实上它的设计简单抄袭纽约市在反对越战的背景下制作的著名艺术品（图2-6右），是"山寨"货。这样的公共艺术品不但不能起到培育场所归属感的作用，反而贬低了这个公共场所的品质。作品与原地点的疏离，背后反映的正是艺术市场的交换价值下，作品从使用价值转变为交换价值的商业性逻辑（朱百镜，2014）。

图2-6　杭州三墩丰庆路口的"LOVE"与纽约原作"LOVE"雕塑❷

---

❶　参考来源：http://news.sina.com.cn/o/2010-05-25/065217560385s.shtml（"朱槿花"拆除暴露城雕"困惑"市民期待话语权）

❷　图片来源：杭州"LOVE"雕塑图片为作者自摄，纽约"LOVE"雕塑图片来自网页http://you.ctrip.com/ photos/sight/newyork248/r1478350-24670454.html

第三章 快速城市化进程中的公共艺术

改革开放以来，经济的快速发展推动了中国的城市化进程，也带动了中国城市建设的迅速展开。公共艺术作为提升城市形象品位与强化居民身份认同的一种重要手段，随着城市基础功能的日益完善而受到重视。正如上一章所述，在快速城市化的背景下，近年来公共艺术得到前所未有的发展，也由此带来了实践上的迷失：总量不足、质量有待提高、空间布局有待优化、公共性不足、原创性缺失等。究其原因，是相关主体更加注重其对外功能所致。公共艺术沦为城市快速发展中的附属品，受到政府主导建设、审美西化以及文化内涵缺位等因素的限制。因此，在公共艺术创作实践前应对城市公共艺术进行宏观的规划把控，避免公共艺术在微观的公共空间中各自为政，强化其总体空间上的联系。公共艺术规划对城市公共艺术的优化具体有着什么样的作用，这将是本章要回答的问题。

3.1 解读公共艺术实践的迷失

我国公共艺术的发展离不开快速城市化建设。粗放式的城市化进程，给伴随其生长的公共艺术打下了深刻的烙印，公共艺术沦为城市发展的附属品。本节试图对我国公共艺术实践问题的背后原因进行深入解读。

从标准的技术话语体系而言，城市化是"人类生产与生活方式由农村型向城市型转化的历史过程，主要表现为农村人口转化为城市人口及城市不断发展完善的过程。"❶一般认为，城市化是一个国家或地区实现人口集聚、财富集聚、技术集聚和服务集聚的过程，是一种生活方式、生产方式、组织方式和传统方式转变的过程，同时也是一个包括诸如城市影响、城市传播和城市带动的外向式扩散的过程。换言之，城市化实质上就是以内向式集聚为主和外向式推延为辅的综合作用的过程。

总体而言，城市化的内涵应包括两方面的含义。一是物化的城市化，即物质上和形态上的城市化，具体表现在人口的集中、空间形态的改变和社会经济结构的变化。二是无形的城市化，即精神意识上的城市化、生活方式的

---

❶ 定义来源：中华人民共和国国家标准 城市规划基本术语标准 GB/T 50280—98，1999.

城市化。具体也可包括三个方面：城市生活方式的扩散；农村意识、行为方式转化为城市意识、行为方式的过程；城市市民脱离固有的乡土式生活态度、方式，采取城市生活态度、方式的过程。物化的城市化是城市化的外在表现，体现为"量"的扩张，而无形的城市化才是城市化的内在实质，是一种"质"的提高。

公共艺术作为城市开放空间中的一种文化概念与意识现象，正是以社会公众为价值核心、以城市环境和城市特色为对象，以综合的媒介为载体，引导并塑造新的民众城市精神的一种当代的无形城市化。同时它代表了艺术与城市、艺术与大众、艺术与社会关系的一种新的意识与态度。城市公共艺术的建设，不仅是物质形态的公共艺术品建设，也是为了满足城市居民精神与文化需求的一种无形的城市化手段。它通过城市公共空间中公共艺术与其城市背景共同营造城市文化意象，并渗透到人们工作生活的场所，从物质到精神潜移默化地改变人们生活的方式。公共艺术正是城市化内在实质的一种具体表现。

人们通常从理性与感性、宏观与微观的层面去感知一个城市。在当前的城市文化背景下，居民比以往任何时代更有意识去感受城市，城市也借助公共艺术来传达与展现自己。由于快速的城市化进程，公共艺术从来没有像今天这样潜移默化地影响着人们的认知、判断和行为。公共艺术的提高与有效整合，也正是城市化"质"的提高。同时，快速城市化带来的政府、公众等主体思想观念的转变也影响着公共艺术的实践，使公共艺术在发展过程中产生了一些不可避免的问题。

3.1.1 政府主导的建设

世界城市发展的一般规律表明，人均 GDP 超过 1000 美元时，城市化进程将进入成长期；当人均 GDP 超过 3000 美元时，城市化进程将进入高速成长期。2003 年，我国人均 GDP 首次突破 1000 美元，相当数量的大城市人均 GDP 已经达到或超过 3000 美元，这标志着中国城市化进入快速发展期。城市化已从向城市中心集聚为主的初期成长阶段过渡到以城市扩张为主的中期加速阶段。本书所指的快速城市化是工业化进入后期阶段，政府自上而下积极引导市场经济的发展，制定一系列产业政策，大力推进城市基础设施建设，急剧扩展城市地域空间，由此而带来的城市化迅速推进的一种阶段性现象。

由政府行政干预主导的快速城市化逐渐成为现阶段我国城市化的主要特征。城市化历程受到高度的行政干预，在市场力和行政力的交织与制衡中逐步推进。政府通过一系列制度安排和政策设计对城市化进程进行干预。对城市化进程产生影响的制度、政策或战略共同构成了城市化发展的制度环境。

政府主导型城市化的根本特征在于，政府对行政手段具有很强的依赖性，用行政手段调节城市化发展往往是政府的重要工作内容，计划经济时代实行的户籍制度、就业制度、福利分配制度都是政府主导型城市化的主要产物；改革开放以来，频繁的行政区划调整（如县改市、市管县、撤县建市、撤乡并镇等）和各类特区、开发区的建设实质上是政府主导型城市化的另一种方式。在强有力的行政干预下，城市化发展的速度、水平、方向和模式都深深地打着制度变迁的印记。

几十年来，尽管政府对城市化过程进行行政干预的初衷和目标已经发生了根本的变化，尽管影响中国城市化的两股基本力量（市场力和行政力）的关系始终在不断调整之中，中国城市化的基本属性依然是政府主导型城市化。改革开放以前，单一的公有制和计划经济条件下，行政力甚至是影响城市化进程的唯一力量。改革开放以来，市场经济从无到有，逐步发展，市场力对城市化的推动作用越来越显著；制度变迁的基本方向是顺应工业化和城市化规律，行政力对城市化的影响逐步从阻力向助力转化，两股力量作用方向的吻合度不断提高，城市化也经历了从长期停滞、缓慢启动到当前的快速推进的过程。尽管有这些明显的变化，中国的城市化过程至今仍然没有脱离强有力的行政干预轨道。随着市场经济体制的逐步建立，对于发展效率的认同和需求程度不断提高，城市化的内在规律和正面作用逐步得到政府的认可，这本应是行政力对城市化过程的影响逐步弱化、市场力不断强化、市场主导型城市化逐步取代政府主导型城市化的契机。然而，也恰恰由于政府对城市化的意义和价值给予了前所未有的肯定，对城市化的行政干预不仅没有弱化，反而呈现不断加强的趋势，政府主导型快速城市化正在以新的方式得到强化。

从城市建设的角度而言，在政府的主导下，建设项目往往存在着选址欠科学、定位欠论证、市政设施落后、配套服务设施不足等问题。公共艺术建设项目作为城市建设项目中的重要一环，在该背景下也显现出了相似的问题。政府负担了公共艺术建设项目主要的监管和规划职责，其意愿也决定了公共艺术规划策略实施的方向。

3.1.2 大众审美的西化

大众对城市文化和艺术美学的认知程度直接影响公共艺术形象整合与重塑的大体方向。突发、快速的城市化进程带来了艺术规划认知上对西方文化的消化不良和对传统文化的漠视。快速城市化在推动社会进步的同时，西方规划理论和文化审美思潮也如潮水般涌入。一时间中国城市规划受到了西方理论的极大影响与冲击，并机械地将西方规划理论与美学思想复制到中国，不经过思考就加以应用。在规划理论与艺术领域盲目引介西方文化的同时，城市规划的决策层、管理者们也受到西方艺术审美的强烈影响。因而在城市中产生了大量的外国雕塑形态与模仿西方的公共艺术品，公共艺术品风格日渐西化。

在这种浮躁的社会背景下，东方传统文化因为长期的停滞不前而面临着迅速被西方文化所吞噬之势，盲目接受西方艺术与审美理念的同时，忽略了对本土文化的继承与发扬。既没有构建具有本土特色、符合我国社会文化基本特征的文化审美体系，也没有在建设实践中对中国的传统文化、审美特色加以认识和提供足够的保护。在城市中大量传统文化街区被认为是生活品质差、无保留价值的地区而被拆除重建。规划师乐于勾勒尺度恢宏的宏伟蓝图，公共艺术设计师总希望设计的作品标新立异、技术创新，城市在迈向现代化的过程中，逐渐屈从于功能、形式和经济。这种艺术文化的认知，割裂了城市的基础文脉和肌理，断裂了城市空间载体与其文化内涵，因而导致城市空间与传统文化之间延续性的断层，最终也成为公共艺术缺失内涵的内在原因。

中国传统的审美标准、价值取向、世界观衍生并推进了我国文化艺术和城市的发展。然而，面对来自于西方审美法则的渗透，现代中国的审美取向可谓更加多元而具有叠合不确定性。一方面对西方的审美方式采用拿来主义，另一方面受到中国传统文化知识体系熏陶、并根植于中国人骨髓之内的古典文化并未完全抛弃，只是原来架构清晰的中国文化、诗词歌赋已经转化为朦胧的意境体验和联想。面对快速城市化进程中艺术形态与审美认知的转变，从公共艺术理论到艺术品建设实践，从政府管理者到市民，对艺术文化认知与理解的差异都日益明显。

3.1.3　城市文化的缺位

在城镇快速发展期，城市的经济物质基础薄弱。快速城市化下的相关规划行为不是以社会公共利益为优先，不是以人的基本需求为出发点，很多都以推动城市经济增长为主要目的，高度聚集在城市发展的经济效益上。城镇中出现了为经济发展服务的高密度且规模巨大的城市住宅区、工业园区、开发区和高科技产业园区等，却在历史文化的保护、公共空间艺术的布置、社会文化艺术的发展上放缓了脚步。

政府追求经济发展的效益而忽视了充实城市内在文化的重要性。在政绩考核机制下，政府片面追求 GDP 增长速度，忽视了公共艺术等文化软实力发展的投入与建设。而城市物质经济的发达也使公共艺术在实践中产生了一系列文化缺位的问题，导致城市文化内涵的缺失。城市政府常常为追求任期内的成绩而脱离实际大搞"形象工程""政绩工程"，由此出现了不少未经科学规划设计的大型公共雕塑，与城市内涵不符，造成了极大的浪费与不和谐，为公共艺术规划的未来发展增添了难度。全国城市雕塑建设指导委员会艺术委员会主任吴为山曾说过，"当前的很多城市雕塑作品最大的弊病就是缺乏追求、没有思想，直接导致了人文精神的缺失。"他一针见血地指出了一些城市公共艺术背后所反映的商业逻辑而非文化内涵："几根柱子撑起一只球，名曰'开发区大有希望'；几束浪花托起一只球，名曰'长江明珠'；几只手支起一只球，名曰'托起明天的太阳'……简单的商业功利和抽象概念催生了大量不锈钢球'升'向天空。"❶

另外，在公共艺术规划的发展过程中，由于政府以偏重经济发展为目的，当前的公共艺术规划编制，也仅侧重发挥公共艺术的"对外价值"——推销城市空间、宣传城市形象，而未能考虑发挥公共艺术规划的"对内价值"——合理配置社会公共利益、增强城市文化凝聚力。

3.2 公共艺术规划的现实关怀

城市专项规划对于城市发展的作用不言而喻，它既能够解决建筑与交通等方面的问题，同样也能为快速城市化影响下的公共艺术问题带来解决之道。第二章对目前中国城市公共艺术总结的五个方面问题正是导致公共艺术本应产生的正面效应和价值尚未得到充分发挥的原因所在。除了数量不足的问题需要依靠拓宽资金来源等渠道解决外，公共艺术规划通过对宏观上艺术品质量与空间布局的把控、公众参与的推进、公共艺术的实施与管理进行合理指引，能对其他方面的问题给予有力的回应。

3.2.1 把控总体品质

首先，公共艺术规划能通过依据具体环境特征对艺术品的尺度、材质等进行适度限制，从而改善艺术品与环境的协调性，提高其质量。其次，公共艺术规划能通过改变艺术负载形式的单一性来提高质量。在我国现有的政策框架下，由于公共艺术中只有城市雕塑这种形式得到了国家配套政策的支持，城市雕塑日益泛滥。事实上，除了雕塑以外，很多负载形式都能产生好的公共艺术品，艺术与建筑、景观、公共设施相结合也是近年来的一个趋势。在公共艺术品得到政策层面的支持以后，将极大丰富设计思路。例如，以往的思路可能是在重点桥梁两侧放置雕塑，而现在却可以把桥梁本身当作艺术品设计。墨尔本港区公共艺术计划中的 Webb 步行桥项目就是一个很好的例子。它由建筑事务所 Denton Corker Marshall 与艺术家 Robert Owen 合作设计，是

---

❶ 参考来源：http://news.artxun.com/diaosu-1747-8734533.shtml（城市雕塑要给后人留足空间）

墨尔本码头地区一个公共艺术项目的组成部分,实现了北部码头区与南部海事博物馆区之间的步行连接。网状的金属结构非常别致壮观,中部开放式的碗状断面可以让行人尽情欣赏河两岸的景观(图3-1)。这座桥取得了非常好的效果,并于2005年被授予国家级的城市设计奖。

图 3-1　澳大利亚墨尔本港区 Webb 步行桥 ❶

3.2.2　平衡空间布局

公共艺术规划能优化艺术品的空间布局,使公共艺术建设有步骤、有秩序地进行,避免盲目性。规划制定前期一般都会对现有公共艺术品进行彻底的摸底调查,将艺术品的各项特性记录归档,有些还会进行评估。这项工作不但利于管理部门对艺术品进行定期的维护,更重要的是,它能够为确保公共艺术在整个城市的"公平"布局提供基础性资料。

公共艺术规划注重艺术品的空间布局,在前期整体空间调研的基础上对未来城市公共艺术的空间布局进行平衡。例如,西雅图北门地区的公共艺术规划就明确指出,在可能的情况下,新的艺术品应安置在较为缺乏的地区(Shaw,2005)。亚特兰大的规划也提出了布局的公平性原则,它还在布局标准中特别提出,要让艺术品在城市中散布,而不是像以往那样集中在中央商务区(City of Atlanta,2001)。这条标准与上文所提到的公共艺术价值趋势转换(由重视对外价值转变为对内对外价值兼顾)是一致的。美国尤金市的规划也考虑了公平性问题。不过它采用的是对市民进行问卷调查的方法,询问市民艺术品的分布情况是否均匀和公平,并让他们在多项选择中选择缺少艺术品的地区,其中包括低收入邻里、学校、公园、门户位置(Barney & Worth-Inc,2009)。

3.2.3　促进公众参与

在规划中明确公共参与的途径和保障机制是解决艺术品公共性问题的有效途径。在我国的城市雕塑规划中,已有不少规划加入了提倡公共参与的条

---

❶　图片来源:筑龙图酷http://photo.zhulong.com/proj/detail37108.html

文，但少有规划给出具体的保障方式。在大多西方的公共艺术规划中，都非常重视公众参与的维度，采取了各种方式确保在公共艺术品的生产过程中能让该艺术品的受众得到全面的咨询和参与。本研究归纳了三种能够促进公众参与深度的措施。

第一，在规划的制定阶段进行充分的公共调查，把意见整合到规划中。以美国尤金市为例（Barney & Worth-Inc，2009），其公共艺术规划是在市公共艺术委员会和由 14 位市民志愿者组成的责任委员会共同指导下制定的。因此，在规划制定的每个阶段，由市民志愿者组成的责任委员会与具体编制规划的专业人员都进行了紧密的合作。在该规划的前期研究中，责任委员会统领了广泛的社区参与工作，对包括当地政府官员、艺术家、艺术和文化机构成员、居民等五类人群进行了调查，共计 400 多位市民为规划出谋划策。调查结果的汇总意见为规划编制提供了有力的支撑，并以附录的形式收录在规划文本中。

第二，在规划中设置保障机制，使社区居民在与自己相关的具体项目中，通过选择艺术家和艺术作品的程序表达意见。在美国费城，每个公共艺术项目都有一个独立的项目选择小组，其成员包括专业艺术人员、艺术家、建筑师、设施的使用者以及社区代表。其作品选择的依据是：艺术价值、艺术家的技术能力、作品与场地的关系。显然，社区代表能够就"作品与场地的关系"这一点发表自己的看法❶。

第三，在规划中强调艺术家与当地居民团体的合作。公共空间计划学术网站把美国的公共艺术项目划分为三类：特定场地的项目、基于社区的项目与临时性的项目❷。其中基于社区的项目就尤其重视艺术家所能起到的"合作者、诠释者、教授者、导师，以及社区和委托人之间联络者"的作用。该类项目常常把社区居民带入艺术品的创作过程之中，居民的知识和体验成为艺术设计的有机组成部分。以美国田纳西州 Urban Arts 艺术团体发起的铁艺指导计划为例，该项目让当地的制铁工人培训高中生为社区创作装饰性的篱笆和大门，取得了很好的效果。这一类公共艺术使居民拥有改善他们自己居住环境的途径，有效地提升其自豪感和主人翁精神。另外，有研究显示，那些在设计阶段就由艺术家征求了社区建议的作品，能被当地居民所认可，较少发生乱涂乱画或犯罪的现象（Hastings Borough Council，2007）。

除了以上三类措施，提高法规政策和管理的透明度也是促进公众参与的好办法。在美国西雅图市的"公共艺术路线图"文件（Seattle Office of Arts & Cultural Affairs，2005）中，将建设路线分为十个步骤进行：（1）成立工

---

❶ 参考来源：http://www.phila.gov/publicart/

❷ 参考来源：http://www.pps.org/reference/pubartdesign/（Design and Review Criteria for Public Art）

作小组;（2）对项目进行定义，制订工作计划;（3）取得合法地位与保障;（4）进行资金的筹集;（5）寻找艺术家;（6）与艺术家共同工作;（7）进行机构评审，取得许可资格;（8）制订一个维护计划;（9）进行项目的建设;（10）举行庆典仪式。该指南为希望引进或创造公共艺术项目的社区居民提供了非常清晰的相关程序、示范案例、专有名词解释和管理部门的联系方式。

3.2.4　完善后期管理

一份完善的公共艺术规划能对公共艺术的后期管理进行有效的指引。以《北京市中心城城市雕塑规划》为例，规划中提出通过完善管理机制，明确城市雕塑管理主体和职能，建立城市雕塑艺术评审委员会专家库及城市雕塑设计阶段、竣工验收阶段的城雕评审团制度，在保证城市雕塑落地的同时有效保障城市雕塑设计建设质量。该规划对城市雕塑后期管理的完善具体体现在以下三个方面:（1）明确城市雕塑管理主体。建议市规划委建管处增加城市雕塑管理的职能，现北京城市雕塑建设管理办公室作为技术平台为其提供技术服务和决策依据。（2）城市雕塑管理主体和地方政府负责组织中心城及新城城市雕塑规划（区域层面）编制工作，划定城市雕塑重点控制地区，实现城市雕塑题材与空间文化特征的协调，为城市雕塑发展打下良好基础。（3）建立城市雕塑的退出机制，城市雕塑每5年进行一次评估，进行维修、改造、加固或拆除，拆除雕塑也需经过城市雕塑评审团审议同意（李涛，2013）。

3.3　本研究领域的既有成果与趋势

国外在公共艺术不同的发展历程中有不同的研究内容。实践层面上，在公共艺术政策的推动下，主要探讨了公共艺术规划中的政策保障、项目实施等内容。理论层面上，随着研究的进一步深入，学者们逐渐转向公共艺术的社会角色与抽象层面的研究，如场所、记忆和意义的解释等。

国内研究起步较晚，研究内容的演变也与公共艺术在城市建设不同阶段的发展有关，从定义、价值、品质、公共性到规划实践。城市空间中公共艺术实践的迷失促使公共艺术规划的诞生。当然，很大程度上这也是快速城市化进程中以经济追求为主要目标的城市建设所导致的必然结果。然而，当前规划领域的相关研究仍处于起步发展的阶段，对艺术界关注的议题涉及较少，跨学科研究视角不足。本节以学科融合的视角对当前国内外公共艺术及规划实践的研究进行综述，指出当前公共艺术规划研究中艺术视角的缺失，明确公共艺术在艺术与规划等领域的研究现状与趋势。

3.3.1 国外研究

有关城市公共艺术的研究,西方相对成熟,相关的规划实践也较为普遍。20世纪80年代,在政府提倡公共艺术的风潮下,英美等国的学者开始对公共空间中的艺术品展开研究(Beardsley,1981)。20世纪90年代中后期,研究者开始采用新的研究方法与视野重新界定艺术品的公共性、与公共空间的关系以及相关矛盾等问题(Lacy et al.,1995;Bach,2001)。在实施机制方面,西方多个城市具备成熟的百分比模式或者艺术基金制度。很多城市不但对项目的资金筹集加以政策保障,还形成了完善的城市公共艺术规划体系。例如,美国Clearwater镇在公共艺术总体规划中,提出编制行动规划,明确列出近年可立即实施的项目。近年来,西方逐渐澄清了公共艺术区别于架上艺术,应该强调与场地关系的特点。在美国西雅图的一份公共艺术规划中,公共艺术品的功能被具体化为四点:提升步行环境的行人体验、提升或创造场所、提升或创造连接、提升或创造个性(Shaw,2005)。

在理论层面,西方学者思考得更多。比如Rendell(2000)关注艺术品设置在公共空间与私人空间中产生的一些理念的迷惑等。Snow(2005)反省了英国布里斯托公共艺术建设产生的一些社会公平问题。豪尔和史密斯(Hall and Smith,2005)则认为,公共艺术伴随着区域城市化的过程,提升了环境品质,改善了市民的生活。然而,很少有人认真地关注本地居民对公共艺术的真实态度,因为本地居民不一定能够体会到政策制定者所设想的公共艺术的好处。豪尔和史密斯试图建立一个研究框架,从原住民这个感受者的角度来反思公共艺术规划在城市化之后的实际价值。虽然现今的研究和理论都尚有欠缺,在快速城市化进程中也有其薄弱的一面,但学者们在实践和研究中总结的各种规划政策、措施、理论和概念,都值得我们借鉴、探讨和延伸。

随着研究的进一步发展,艺术介入公共领域的主张在20世纪80年代发生了根本性的改变。公共艺术的贡献涵盖了经济、社会、环境和心理等层面,公共艺术也由于其在城市更新中的作用,日益变得合法化(Hall,2001)。当今的公共艺术研究似乎吸引了更多抽象层面的关注,包含了更多关于场所、记忆和意义的解释。空间和时间虽然依旧扮演着一个重要的角色,但在许多哲学的范畴中,它们的意义已经减弱。公共艺术不再仅仅指"在哪里"和"什么时候",而更多地成为一种符号与关系的指示器。公众不再被视为是公共艺术的观看者,而是积极参与到艺术创作中的参与者。实际上,这种意识的觉醒来自公众对公共艺术所赋予的意义(Hein,1996)。

3.3.2 国内研究

公共艺术跨界融合的特征使其吸引了多个领域学者的关注。从艺术学领域看，当前主要的话题包括五项：（1）定义之辨：在兴起之初，人们把公共艺术狭义地理解为雕塑和壁画。随着国外最新理论和作品的引入，定义逐渐得到拓展，包含社会学与人文环境学的内涵和外延（杨奇瑞 等，2014）。（2）价值阐述：城市公共艺术品具有多方面的作用和价值。中央美院王中教授（2007）将它的作用整理为七点：发现作用、拯救作用、沟通作用、提升经济活力、推动社会和谐、增强社区认同以及促进文化繁荣。翁剑青（2013）提出公共艺术的价值经历了从纪念性、叙事性到唯美性及装饰性，再到当前多元化及综合性的变化。正如何小青（2011）所述，其内涵从最初的社会福利、美化环境跨出，成为社区参与、艺术对话及城乡改造的重要触媒。汪大伟（2015）认为，公共艺术在当前最重要的价值在于公共问题的解决，即"地方重塑"。（3）艺术品质量的批判：这部分文献众多，除了对一些艺术品形式雷同、贪大求快、语言单一、立意肤浅等缺点的批判外，还有学者注意到由于缺乏规划控制所导致的在艺术品质、环境品质、社会内涵和文化意义上不符合场所特性的作品充斥着城市公共空间的遗憾（翁剑青，2010）。（4）公共性探讨：公共性是公共艺术的核心诉求，讨论最先体现在公众参与层面（孙振华，2004）。随着中国社会的深刻转型，逐渐转向公共空间权力和权利问题的探讨（孙振华，2015）。（5）实施机制讨论：目前关于公共艺术实施机制的研究主要集中在公共艺术政策支撑、部门合作等方面。例如，为了实现城市雕塑建设长久、可持续发展，台州市提出"百分之一文化计划"，明确规定在城市建设投资总额中提取百分之一的资金用于城市化区域中公共文化设施建设，积极探索公共艺术建设的新思路（黎燕、张恒芝，2006）。袁荷等（2015）通过对中国公共艺术政策的发展历程进行梳理，提出了建立保障公共艺术良性发展的机制，并制定了一套公共艺术创作、实施、维护的管理办法。

城市规划的部分学者也逐渐进入这个领域，展开讨论。实践阶段早期，很多城市的认知仍然主要停留在城市雕塑规划这个范畴。比如，在题材选择上，周舸和栾峰（2002）认为，在现状调查和对本地文化理解的基础上，应该提出更具开放性的题材建议，应鼓励公众参与，提供与本地文化发展趋势相适应的雕塑题材发展。在雕塑规划方面，郑德福（2008）建议以空间环境特征分析为引导，采取通则与特例相结合的方式，形成雕塑分级控制体系，根据承载空间形态的差异提出导控节点、导控廊道和导控片区等三种导控方式，采用城市设计的手法制定雕塑发展建设控制导则。当然，在这个过程中所积累的经验、思路、手段等对城市公共艺术规划研究仍具有重要的借鉴价值。随着经济水平和文化艺术的迅速发展，公共艺术也迎来一个高度繁荣的时代。

与艺术界将城市雕塑扩展为公共艺术的趋势相平行，原有的"城市雕塑规划"被渐渐升级为"公共艺术规划"。2005年，攀枝花市编制了我国第一个公共艺术总体规划，对公共艺术总体布局与城市空间形态做了规划研究。但在理论和方法上还有许多有待解决的问题，例如公众参与、实施机制的探讨等（杜宏武、唐敏，2007）。董奇等（2011）认为公共艺术理论的发展速度与其配套的法规和管理措施之间存在着不匹配的现象，提出公共艺术规划是一个新的研究领域。它对提高艺术品本身的总体质量、优化艺术品的空间布局，以及加强艺术品公共性都具有重要作用。在规划编制上，国内的研究成果较少。杜宏武（2014）提出规划的工作框架包括六个方面：规划目标与任务，城市空间及公共艺术作品现状调研，公共艺术规划编制，作品的策划、设计与创作，建造或实施以及评估与反馈。相关研究还有2篇博士论文（胡哲，2012；周秀梅，2013）等。这些研究大多将常规专项规划的做法借鉴到这个新领域中，对艺术界关心的议题关注较少。

结合国外的案例进行对比分析，国内的规划编制主要存在以下问题：（1）在定义方面，对公共艺术概念的理解仍狭隘地停留在城市雕塑的视觉性层面，使公共艺术在公共性与艺术性方面的价值无法得到充分发挥；（2）在艺术创作方面，对艺术品的题材、内容等进行具体规定，在很大程度上限制了艺术的自由创作与表达；（3）在空间规划方面，没有意识到公共艺术的特殊性，编制重点沿袭了城市规划中以点、线、面为主的总体空间布局；（4）在公众参与方面，对艺术品公共价值的实现，即对公共参与的深化，没有设计具体条文进行保障；（5）在政策方面，没有成文法规的保障，在国家城乡规划体系中的定位和作用不清晰，规划成为一纸空文，实施缺乏保障。

第四章 公共艺术与城市分区营造——以杭州市为例

本章以杭州市为例，对城市四大分区：历史街区、旅游风景区、老城居住区、新城区进行公共艺术的考察，以期为第六章公共艺术规划策略在确定艺术品的布点、形式和题材等方面提供决策依据与现实支撑。

调研首先采取非参与式观察法对四大片区的公共艺术进行实地记录，然后采取路过／停留人员计数法对公共艺术的社会价值进行评价，最后采取结构式访谈法收集受众的反馈意见，对观察法收集的信息进行补充，从而改善调查的效度，讨论杭州城市各片区公共艺术的具体问题。在分析方法上，相关研究进一步表明，人、场所与物品是城市文化特色塑造的三个基本要素，其中场所是另外两者（人与物品）的纽带与载体（陆邵明，2016）。通过采用物—地—人的分析方法对四大片区的调研结果进行分析，针对不同片区的特性，总结各片区公共艺术营造需考虑的内容。

4.1 杭州的城市发展

在钱塘江、运河等自然地理因素以及铁路高架等建设工程的影响下，杭州的城市空间被切割，形成分区的块状发展雏形。随着城市化进程加速，杭州城市规模逐渐扩张，城市空间的发展由最初的自组织阶段，逐步走向政府规划的政策引导阶段。近年来，国际科技经济形态的高速发展，不同类型的经济产业在地域上形成分区聚集。在此基础之上，各片区差异竞争和特色发展、区域分类引导和统筹发展等政府主导的宏观策略逐渐形成。

根据《杭州市城市总体规划（2001—2020年）》，杭州形成"一主三副、双心双轴、六大组团、六条生态带"的开放式空间结构。一主是主城区，三副由江南城、临平城和下沙城组成。六大组团分为北片和南片，北片由塘栖、良渚和余杭组团组成，南片由义蓬、瓜沥和临浦组团组成。它将以前杭州城市空间沿西湖"摊大饼式"转变为点轴结合、网络化跳跃式的发展；从以旧城为核心的团块状布局，转变为以钱塘江为主轴线的跨江沿江、向东向南、网络化的组团式布局（李玮、徐建春，2009）。2016年，杭州城市总规修编获批。修改的规划继续保持原先的空间结构，不过，对主城、副城和组团的范围进行了调整。"一主"是主城，"三副"是江南城、临平城和下沙城。"六大组团"包括余杭组团、良渚组团、塘栖组团、义蓬组团（大江东新城）、瓜沥组团和临浦组团，原先的塘栖组团被取消，新增瓶窑组团。城市空间组团式布局模式愈加明显。

　　为充分表现杭州历史文化名城和风景旅游城市的风貌特色，在城市空间规划中，景观体系的建构对公共艺术表现出了特有的重视。在杭州市城市规划"四宜"方针（宜居、宜商、宜文、宜游）的指导下，杭州城市公共空间的艺术品也呈现出一种片区特色化的布局形态：老城古历史市井区（南宋御街与河坊街一带等），城北米市巷及运河沿岸区，城西西湖周边景区，城东现代化的钱江新城区。在中国的城市中，杭州的历史文化，特别是公共艺术的典型性是不言而喻的。为了加强城市形象设计，提升城市品位，践行以美丽中国建设为样本的规划定位 ❶，杭州市的公共艺术规划在全国也处于超前探索的地位，发挥着试金石的作用。

4.2　研究方法概述

　　结合杭州城市空间不同功能片区的分布，考虑到不同区域公共艺术品对市民和游客的影响力以及作用方式可能不同，取样主要按对象所在区域划分为四类：历史街区（南宋御街与河坊街片区）、旅游风景区（西湖片区）、老城居住区（城北片区）、新城区（钱江新城片区）（图4-1）。

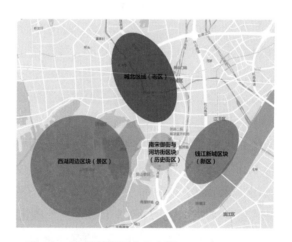

图4-1　取样区域划分示意图　（来源：作者自绘）

　　现场调查主要分三步进行：

　　首先是踩点与案例选择。四个片区分 6 个小组进行考察。组员在前期踩

❶　参考来源：杭州市城市总体规划（2001—2020年）（杭州市规划局）

点时，遵循艺术品特性类型多样化的原则，在每个片区各选择 7 ～ 9 个公共艺术品。多样化具体指案例的负载类型，包括雕塑、壁画、艺术化公共设施、与建筑、景观结合的公共艺术品；确保艺术品空间布局类型丰富，如广场中心、侧边、街道边等；艺术品的题材（包括民俗场景型、趣味装饰型、抽象装饰型、历史纪念性）和材质（石、不锈钢、木、青铜等）也要多样化，使收集到的结果有利于进一步的分析与比较。同时绘制艺术品的场地布局，填写艺术品清单，包括材质、艺术品说明、维护状态等。

其次是路过/停留人员计数法。调查组员选择天气适宜的日子，在工作日、周末各抽取一天，在上午、中午、下午三个时间段两人一组进行随机取样观察，每次观察 10 分钟，两天每件作品共计观察 60 分钟。观察内容包括两项：路过艺术品的行人流量，按老、中、青的年龄层次分三类记录；在艺术品旁有明显停留行为的人员数量，也分三类记录（目光短暂停留，站立型停留，以及在周边就座欣赏）。将收集到的数据作为单个艺术品吸引力强弱的客观指标：停留和路过人数比。从逻辑上说，"停留和路过人数比"指标值较高的艺术品对受众的吸引力较强；而对受众吸引力较强的艺术品应能更好地发挥其社会价值。因此，我们可以用这个指标挑选社会价值和影响力特别高或特别低的艺术品，之后从艺术品本身品质及其空间布局状况两部分因素分析其成功与否的原因。

再次是结构式访谈法。为弥补结构式观察法无法直接考察受众认知情况的缺陷，研究还设计了结构式访谈法收集受众认知的各项信息。采用配额抽样法，在每个片区各访问 30 人，其中男女各半，老、中、青年龄比例均衡。访谈对象为在附近居住或工作者，在景区还注意平衡游客、本地人的比例。考察内容主要是对该片区公共艺术品的整体性看法，如对艺术品所能产生积极效应的认知、喜欢的公共艺术品类型、是否支持政府在社区附近增加公共艺术品等。访谈还包括对片区内单个艺术品的认知调查：调查人员先向被访者出示该片区 8 ～ 9 个艺术品的照片合集，被访者只对自己熟悉的艺术品进行喜爱程度评价，可避免被访者对艺术品不了解，仅通过照片而非现场印象进行评判的调查信度问题。采用这种方法收集的受众反馈意见，可以对观察法收集的信息进行补充，从而改善调查的效度。

4.3　公共艺术调研

从微观的层面而言，公共艺术是装点城市公共空间的重要手段。从城市宏观空间的角度看，公共艺术的设置应该充分考虑到城市不同片区的功能性质，使公共艺术有机地融入其中，更好地彰显地域性，成为不同形态片区居民文化和生活场景的组成部分，发挥公共艺术相应的价值。而不是把公共艺术当作与城市具体的人文历史及当代生活需求没有联系的装饰艺术品。

本节以杭州市不同功能片区为基础，对历史街区、旅游风景区、老城居住区及钱江新城区的公共艺术进行现状调研，分析不同片区中公共艺术设置成功或失败的原因，为后期城市不同分区公共艺术的营造在确定艺术品的布点、形式和题材等方面提供决策依据。

4.3.1　历史街区——南宋御街与河坊街片区

1. 街区概述

历史上杭城的营建和整治、南宋帝都的建制和规划、东南佛国的掌故及遗存老字号的沧桑现状、民国建筑群和名流政要的关联等，以及杭州的文脉遗存和人文底蕴、杭州的历史文化基本都可以在老城区内得到展现。在这里，每一个旧迹或遗存都可以还原一段杭城记忆。而南宋御街与河坊街，更是展现杭城历史文化特色的代表区块。

御街对南宋百姓来说十分重要，当时，在它两旁集中了数万家商铺，临安城一半的百姓都住在附近。近年来，中山路御街历史改造项目将南宋御街打造成展示杭州都城风采、体验市井生活的好去处。与之毗邻的河坊街位于吴山脚下，是清河坊的一部分，路长 1800 多 m，青石板路面，路宽 13m，其余路宽 32m。杭城闻名的"五杭"（杭剪、杭扇、杭粉、杭烟、杭线）就出于此。这里特色小吃、古玩字画、商铺云集，老字号等具有杭州特色的各类店铺约有一百余家。河坊街于 2002 年 10 月开街，改建后的河坊街体现了清末民初风貌，重在突出文化价值，营造以商业、药业、建筑等为主体的市井文化，保持其历史的真实性、文化的延续性和风貌的整体性，是目前最能体现杭州历史文化风貌的街道之一，也是西湖申报世界历史文化遗产的有机组成部分。它的修复和改造，再现了杭城历史文脉，为杭城留下了一份宝贵的历史文化遗产。南宋御街与河坊街片区也是城市多元化公共艺术的体现，如"四世同堂""活字印刷术浮雕""中华人民共和国第一个居委会""岳飞铜像""百子弥勒"等，是进行城市公共艺术调研分析的典型区域。

2. 调研及结果概述

不同于西湖景区，南宋御街与河坊街是具有历史性的旅游景点，其公共艺术品也是展现当地历史的重要媒介。基于这两条历史街区的历史文化特性，调查小组❶选取这一景区内的公共艺术品进行调研。

调查小组在对公共艺术品进行初步踩点调查后，根据作品分布及材质

---

❶ 小组成员：张露茗，俞姝姝，陈舒婷，龚圆圆，季雅琳，王迅。观察法调查时间：2011年5月，天气晴好。

形式多样化的原则，挑选了 8 个具有代表性的作品进行结构性观察和问卷调查研究（图 4-2），分别是：岳飞铜像（A1）、四世同堂群雕（A2）、活字印刷术浮雕（A3）、新中国第一个居委会（A4）、百姓生活群雕（A5）、百子弥勒（A6）、清河坊牌坊（A7）、中国最佳旅游城市（A8）。其中，"四世同堂" ❶ "新中国第一个居委会" 都是 2009 年度全国优秀城市雕塑建设项目的优秀奖获奖作品。

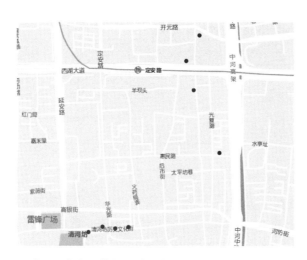

图 4-2　南宋御街与河坊街区块艺术品分布位置图　（来源：作者自绘）

观察法数据采集结果（表 4-1、表 4-2、表 4-3）总共记录到的路过人数为 15814 人次，停留人数为 3502 人次。问卷法调查采用 3 个年龄段的配额抽样法（青年、中年、老年），共采访了 26 人，有效率为 100%。先让被访者对单个公共艺术品的熟悉程度进行判断，然后请他们对相对熟悉的艺术品进行喜爱程度的判断，以确保问卷答案的合理性。下面，我们对具有特殊性的五个作品：岳飞铜像雕塑、四世同堂雕塑、"新中国第一个居委会"、"中国最佳旅游城市"、清河百子弥勒雕像，进行详细的案例分析。

南宋御街与河坊街区块路过人数统计表（1 小时）（由小到大排列）　　表 4-1

序号	A1	A2	A3	A4	A8	A5	A7	A6
作品	岳飞铜像	四世同堂群雕	活字印刷术浮雕	新中国第一个居委会	中国最佳旅游城市	百姓生活群雕	清河坊牌坊	百子弥勒
路过	605	868	894	1412	2257	2639	3147	3992

❶　《四世同堂》是中国美术学院第一次以杭州一户人家为原型，按照真人比例创作的大型户外公共雕像。原型家族姓汪，第一代老人汪冀良的夫人吴儒珍自幼生活在中山路，汪氏家族32人，目前也全部生活在杭州，见证了中山路的历史变迁。

南宋御街与河坊街区块停留路过人数比（由小到大排列） 表4-2

序号	A4	A8	A7	A3	A5	A2	A6	A1
作品	新中国第一个居委会	中国最佳旅游城市	清河坊牌坊	活字印刷术浮雕	百姓生活群雕	四世同堂群雕	百子弥勒	岳飞铜像
停留路过比	2%	5%	14%	15%	25%	31%	32%	33%

南宋御街与河坊街区块喜爱程度（由小到大排列） 表4-3

序号	A4	A8	A6	A7	A1	A3	A5	A2
作品	新中国第一个居委会	中国最佳旅游城市	百子弥勒	清河坊牌坊	岳飞铜像	活字印刷术	百姓生活群雕	四世同堂群雕
喜爱比例	15%	19%	23%	31%	38%	42%	50%	77%

（1）岳飞铜像雕塑

岳飞铜像雕塑（图4-3）是路过人数最少，但停留路过比最高的艺术品。其停留路过比达到33%，可以看出其品质并不低，具有较高的吸引力。然而，路过人流的记录数据显示，该雕塑是8个艺术品中路过人数最少的艺术品（605人/小时）。分析其原因可知：①雕塑面对的是一条交通主干道，在它右边较远处有一个公交站点，左边有一个红绿灯，交通繁忙，车辆会阻挡远处人们的视线。②从心理学的角度而言，繁忙的马路会使人加快行进脚步，从而降低其被人们看见的概率。③该雕像位于南宋御街的北端，然而多数游客是从河坊街再到南宋御街，中间有西湖大道这一宽阔的马路阻隔了人流，故经过这里的游客量剧减。可以说，该雕塑在选址中存在的问题，使它未能充分发挥其正面的社会效益。

图4-3　岳飞铜像雕塑 （来源：作者自摄）

（2）四世同堂雕塑

四世同堂雕塑（图4-4）是本次调研中较为成功的艺术品。该雕塑以中山路上的一户杭州汪姓人家"四世同堂"家庭为原型，该家庭中最年长的是吴儒珍老人，她从小住在杭州中山路的行宫前（现在的惠民路）西府局，家里经营过当时杭州城三大绸布庄之一的元泰绸布庄。如今汪家已有30多位成员，大部分人还在中山路一带居住。这组32人雕像就是全家人坐在一起拍全家福的情景。与名人伟人的单色雕塑不同，四世同堂运用了国内罕见的彩色户外雕塑手法，塑像中汪家32人或坐或立，神态自若，结合老墙、老树、老井，生活气息扑面而来❶。

该雕像位于中山路与西湖大道交叉口，即南宋御街的道路旁，而且这里是天桥的下桥口，四周流通方向较多，是南宋御街上人流较多的一个地块，调研中观察到的人流量达到868人/小时。该艺术品的停留路过比例也相当高，工作日与休息日分别占到了22.4%与33.2%。

图4-4　四世同堂雕塑 （来源：作者自摄）

此外，在访谈中，这个作品也得到了较高的评价。有77%的受访者喜爱该铜雕作品，在8件作品中排名第一。分析可知，该作品较为成功的原因主要有三点：①与其微观空间布局特征有关。它处在繁华路段中比较静谧的一块空地中，前面又有一块小型空地作为滞留空间，树底下有座位可供休息。因此游人可以选择在此休息等人，人群的聚集也为雕塑增添了吸引力。②雕塑上留有两个空的座位，可以让游客和雕塑一起拍"全家福"，这样的可接触性也是雕塑吸引力提升的一个关键因素。③该作品很好地展现了杭州本土文

❶　参考来源：杭州网http://z.hangzhou.com.cn/09nsyj/content/2009-09/30/content_2798025.htm

化。对老杭州而言，它有着一种亲切感，这种怀旧的感觉自然会引起市民的关注。同时，对于游人来说这也是个了解杭州的好机会，因此，游人也会停留拍照互动。

（3）"新中国第一个居委会"与"中国最佳旅游城市"

"新中国第一个居委会"（图4-5）与"中国最佳旅游城市"（图4-6）是停留与路过人流比和主观评价都较低的艺术品。其中，"新中国第一个居委会"位于中山中路和惠民路交叉口东侧坊墙上。这组浮雕曾获得2009年度全国城市雕塑大奖。然而从现场来看，该组浮雕并不能引起人们的兴趣，大部分人群都是匆匆而过。实际一小时观察时间内，记录到的路过人数为1412人，而停留人数仅25人。在访谈中，也仅有15%的人表示喜欢该艺术品（26人中，4人表示喜欢，22人表示一般）。这个数据显示出民众和专家的品位存在一定的距离。另外，虽然该作品地处景区，但这是一个东西向的公共艺术品，位于河坊街与南宋御街的过渡区域。从河坊街到南宋御街为南北向，游客大多数不会经过这条路，而是从它旁边的路直接通过，较少注意到这面壁画。因此，我们可以推断路过该艺术品的人群大多是居民，对艺术品较为熟悉，导致其欣赏频率降低。

图4-5 "新中国第一个居委会" （来源：作者自摄）

图4-6 "中国最佳旅游城市" （来源：作者自摄）

"中国最佳旅游城市"雕塑位于河坊街的尽端，靠近吴山广场。尽管路过该作品的人流量较大（2257 人 / 小时），然而停留的比例很小（5%）。这与该艺术品被遮挡有关。其临街面设有摊位，挡住了大部分人的视线，只有从右侧上山的人才能看到这个雕塑品。另外，它并没有设置在路边，而是设置在草坪中间，人们失去了与它直接接触的机会。在访谈中喜欢这个雕塑的市民比例也比较小（19%）。分析可知，该艺术品只是一个城市的荣誉，其内容对民众而言没有太大的意义，与老百姓的日常生活关联不大。

（4）清河百子弥勒雕像

清河百子弥勒雕像（图 4-7）是最能引发交谈的艺术品。该雕像位于河坊街的最西端入口处，位置比较醒目。弥勒佛是福泽圆满的象征，百子嬉戏代表多子多福快乐吉祥。它与无锡和上海龙华两尊"百子弥勒"一道，并称为"天下百子三弥勒"，小有名气，慕名而来的游客较多。

图 4-7　清河百子弥勒雕像　（来源：作者自摄）

调研数据显示，该雕像的路过人流量非常大，达到 3992 人 / 小时，且其停留路过比也比较大，为 32%，这与该艺术品的微观空间布局有关。与其他艺术品分布在街道一侧不同，它位于街道中间，且雕像前的空间较大，这便在无形中起到了引导游客停留的作用。此外，弥勒笑意盎然，周身是可爱百子，与百姓祈求幸福安康与子孙满堂的愿望相契合。周围人传言"摸一下可以发财"。这些都是吸引游客驻足的重要因素。很多人都拍照留念，引发交谈便是自然而然的事。

不过从访谈数据看，喜欢与不喜欢这个作品的人数差别不大（6 位表示喜爱，13 位表示一般，7 位表示不喜欢）。就艺术品品质而言，它算不上最佳。然而，这个作品引发了交谈，就公共艺术品的公共性而言，它能促进社会交往，因此是件成功的作品。

4.3.2　旅游风景区——西湖片区

1. 景区概述

"天下西湖三十六，就中最美是杭州"。西湖傍杭州而盛，杭州因西湖而名。2007 年 5 月 8 日，经国家旅游局正式批准为国家 5A 级旅游景区。2011年 6 月 24 日"中国杭州西湖文化景观"正式列入《世界遗产名录》。西湖风景名胜区分为湖滨区、湖心区、北山区、南山区和钱塘区。秀丽的湖光山色和众多的名胜古迹闻名中外，是中国著名的旅游胜地，也被誉为人间天堂。作为独特的旅游观赏性景区，西湖景区内公共艺术的建设具有高水准的要求，在题材、材质、形式等方面都具有多元化特征。且公共艺术品分布密度极高，游人众多，是重要的公共艺术考察分区。

2. 调研及结果概述

该区块公共艺术作品的密度极高，与西湖的自然美景相辅相成。作品题材包括民俗场景型、趣味装饰型、历史纪念型等。在布局方面，公共艺术品大多沿西湖水岸布局，有少数布置在水面中（如金牛出水雕塑）。

调查小组 [1] 在该处公共艺术品进行初步踩点调查后，根据作品分布及材质形式多样化的原则，挑选了 9 个具有代表性的作品进行结构性观察和问卷调查研究，分别是："江南可采莲"（B1）、金牛出水（B2）、百寿图（B3）、惜别白公雕像（B4）、李泌引水纪念标志（B5）、杭州老城地图（B6）、志愿军雕像（B7）、马可·波罗雕像（B8）、淞沪战役阵亡将士纪念碑（B9）。其中，淞沪战役阵亡将士纪念碑始建于 1934 年，是杭州第一批城市雕塑作品。然而这座雕塑在 1963 年被拆除，于 2003 年又得以恢复。志愿军雕像则是杭州城市雕塑徘徊期的作品 [2]。其他几件大多是杭州西湖南线整治工程中新添的艺术品 [3]。需要指出的是，本区域公共艺术品的路过人流量都比较大（大于 2000人 / 小时），停留路过比也普遍比较高。下面，我们对具有特殊性的四个作品："江南可采莲"、惜别白公雕像、杭州老地图、马可·波罗雕像，进行详细的案例分析。

（1）"江南可采莲"

"江南可采莲"是停留路过比最高的艺术品（图 4-8）。雕像位于湖滨路西湖内部，坐落于荡丛中，形态优美，栩栩如生，给人以美的视觉享受。路过该艺术品岸边的人数非常多，为 2160 人 / 小时。而其停留路过比也非常高，

---

[1]　小组成员：王健，吴静遥，陈越泉，田源，姜刘中。观察法调查时间：2011年5月，天气晴好。

[2]　季湘荣（2006）将杭州城市雕塑发展史分为4个阶段：启蒙期（1927~1949年），徘徊期（1950~1977年），发展期（1978~1999年），全面建设期（2000年以后）。

[3]　参考来源：http://www.china.com.cn/chinese/TR-c/227658.htm

为 80%。其中停留的人之间产生了很多互动性行为，比如一个游客邀请另一个游客为其拍照，一起谈论这个艺术品等行为，这些都增强了西湖景区的活力，使用效益评价很高。这与该艺术品的空间布局特色有关，该雕像被 U 形道路包围，紧邻城市主干道，人流量大。且雕像紧邻小型广场，提供了一大片停留场所，进而引发各种行为发生的可能性。

图 4-8　江南可采莲雕塑　（来源：作者自摄）

从路过人流量的年龄分类折线图（图 4-9）可以看出，这个景区的人流量很大，人流分布主要集中在 18 ～ 60 岁的人中。从上午到下午，这个年龄段的游览人数最多，老年人主要在晨间和傍晚出现，这与老年人早晨练、晚散步的生活方式有关。儿童的人流走势与老年人恰恰相反。

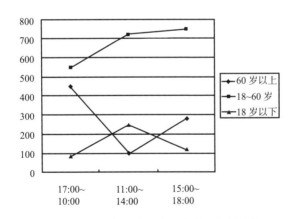

图 4-9　路过人流量的年龄分类折线图（湖滨路西湖周边）（来源：作者自绘）

（2）惜别白公雕像

"惜别白公雕像"（图 4-10）是停留路过比最高的艺术品。该群雕以艺术手法再现了当时"白公"（白居易，唐代为杭州刺史）奉诏离杭奔赴洛阳之际，在万众百姓夹道惜别离开时的感人情景。雕像的材质为铜，它的尺度接近真人。本组在调研过程中发现，该铜像是游人最喜欢的铜像，其可达性好，路过该艺术品的人数非常多，达到3305人/小时。驻足拍照、停留欣赏的人数都要领先甚至远远超过湖滨其他地段的雕像，停留路过比达到80%。

图4-10 惜别白公雕像 （来源：作者自摄）

这与该艺术品的空间布局特色和自身品质相关。该雕像位于白沙路与环城西路的交叉口，是许多游客环湖游的起点，第一个铜像对于他们来说是新鲜的。另外，场地空间布局较好，具有较强的引导性，且该雕像位于紧贴西湖、景观最好的"一级"路段，游客流量较隔着绿化带的"二级"路段大。如果是夜间，由于湖边的照明远比内侧道路亮，潜在的安全意识会让更多的游客选择在湖边行走。

（3）杭州老地图

"杭州老地图"（图4-11）是引发行为活动最丰富以及停留路过较低的艺术品。该艺术品位于湖滨路，以地图为题材，配上古朴的文字，选题富含历史文化气息。其地理位置颇具优势，景点面向道路，是湖滨路的人流通往西湖的常经之路，大广场利于人们的逗留。虽然停留路过比比较低（27%），但其引发的行为活动却是最为丰富的。有的人静静观赏；有的人通过"踩"亲身体验地图凹凸的真实感；又有母女拿着地图和老地图对照；更有老外垂青于此。显然，这是一个深受男女老少喜爱的案例。

（4）马可·波罗雕像

马可·波罗雕像（图4-12）位于湖滨路沿线，是路过人流量较少的艺术品。其材质为铜，雕塑本身不大，但是位于较高的基座上。马可·波罗是意大利著名旅行家，早在13世纪初就曾到过杭州。他身穿罗马式长袍，手中拿着一支鹅毛笔，仿佛在向人们介绍杭州是"世界上最美丽华贵之天城"。将他的雕像矗立于此，是为了让人们永远缅怀这位促进中西文化交流的历史人物。

图 4-11　杭州老地图地雕　（来源：作者自摄）

图 4-12　马可·波罗雕像　（来源：作者自摄）

　　该艺术品的可达性很好，然而与景区其他艺术品相比，路过人流量却比较小。游人以杭州本地锻炼、唱戏、散步、休闲的人为主，年轻的游客偏少。而到晚上，"二级路段"灯光昏暗，人流量较临湖的"一级路段"差距更大。

就场地而言，进入场地的流线并不复杂，但是由于场地周围的灌木、树木以及建筑物将视野良好的湖面遮住，所以对于游客而言，更多人选择了临湖的路。而且马可·波罗雕像基座有一人多高，游客对其仅限观赏而无其他更多的行为，所以，此处游客相对于其他地方驻足的时间更少，他们的行为只有欣赏和拍照。

4.3.3 老城居住区——城北片区

1. 片区概述

老城区是居民主要的生活区。该区主要选取两个区块进行调研：京杭大运河区块和米市巷区块。

京杭大运河是世界上里程最长、工程最大的古代运河，也是最古老的运河之一，与长城、坎儿井并称为中国古代的三项伟大工程，并且使用至今，是中国古代劳动人民创造的一项伟大工程，是中国文化地位的象征之一。京杭大运河自南向北贯穿杭城的中心地带，该区域有着深厚的文化底蕴，随着杭州的迅速发展而一直稳健地繁荣着。大运河的繁华和水乡变迁，也成为杭州城展现历史文化的重要部分。米市巷，原在杭州城内十字街东侧，因常年为居民专售大米，巷内计有商铺六七处，生意兴隆，遂称之为米市巷。它位于拱墅湖墅南路与潮王路交叉口，地理位置好、靠近市中心、交通便利、生活配套齐全，有着独特的杭州市井特色。且这里坐拥武林商圈，京杭大运河穿境而过，是典型的社区生活代表区域，特将其作为城北区块的补充。城北片区作为杭州老城生活居住区的代表，公共艺术具有较为浓厚的市井文化特征，是典型的公共艺术考察分区。

2. 调研及结果概述

调查小组 ❶ 在市区中心的运河沿岸进行初步实地调查后，根据作品分布及材质形式多样化的原则，挑选了9个具有代表性的作品进行结构性观察和问卷调查研究（图4-13），分别是：桥下壁画（C1）、母子雕塑（C2）、三岔口片墙（C3）、西湖文化广场卵石凳（C4）、陶瓷柱（C5）、运河石牌坊（C6）、运河路面石雕（C7）、运河博物馆立面（C8）、桥柱浮雕（C9）。

观察法数据采集总共记录到的路过人数为6360人次，停留人数为661人次。问卷法调查采用3个年龄段的配额抽样法（青年、中年、老年），分别在西湖文化广场和运河文化广场采访，共计采访了22个人，有效率达100%。

---

❶ 小组成员：华春燕，刘雯佳，马骏，翁鲁丹。观察法调查时间：2011年5月。

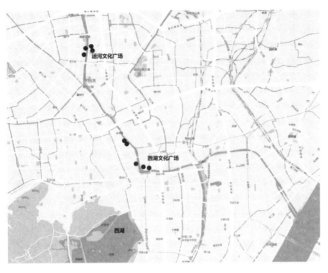

图 4-13　京杭大运河区块公共艺术作品分布图 （来源：作者自绘）

通过观察法采集到的数据，我们可以比较各个艺术品前经过的人数（表4-4），判断该艺术品的场地选择是否恰当，即是否拥有较大的人流量，使艺术品能被较多的人欣赏，实现其公共效益。从下表看来，除了C6、C7外，本区域的艺术品位置选择都不太理想。其中博物馆立面浮雕和陶瓷柱显然是花了大量经费建造的艺术品，其位置离主要人流较远，可达性较差，少有人能欣赏到它们，十分可惜。我们还可以得到每个公共艺术品的停留路过人数比。综合停留路过人数比数据（表4-5）与访谈法的喜爱程度数据（表4-6），可以判断单个公共艺术品受关注的程度。

京杭大运河区块路过人数统计表（1小时）（由小到大排列）　　　　　表 4-4

序号	C5	C8	C4	C1	C9	C3	C2	C6	C7
作品	陶瓷柱	博物馆立面浮雕	卵石凳	桥下壁画	桥柱浮雕	三岔口片墙	母子雕塑	运河石牌坊	路面石雕
路过	101	157	185	308	328	332	343	2191	2415

京杭大运河区块停留路过人数比（由小到大排列）　　　　　表 4-5

序号	C6	C7	C2	C3	C9	C5	C4	C1	C8
作品	运河石牌坊	路面石雕	母子雕塑	三岔口片墙	桥柱浮雕	陶瓷柱	卵石凳	桥下壁画	博物馆立面浮雕
停留路过比	5%	6%	7%	11%	21%	33%	38%	40%	43%

序号	C3	C2	C5	C8	C9	C1	C4	C6	C7
作品	三岔口片墙	母子雕塑	陶瓷柱	博物馆立面浮雕	桥柱浮雕	桥下壁画	卵石凳	运河石牌坊	路面石雕
喜爱比例	13%	33%	40%	40%	80%	90%	93%	100%	100%

京杭大运河区块喜爱程度（由小到大排列） 表 4-6

调查小组❶在市区中心的运河沿岸进行初步踩点调查后，根据作品分布及材质形式多样化的原则，挑选了 8 个具有代表性的作品进行结构性观察和问卷调查研究，分别是：自行车停靠点（E1）、公共座椅（E2）、小区雕塑（E3）、米市（E4）、壁画（E5）、雕塑·爷孙（E6）、雕塑·品茗（E7）、雕塑·吹笛（E8）（图 4-14）。

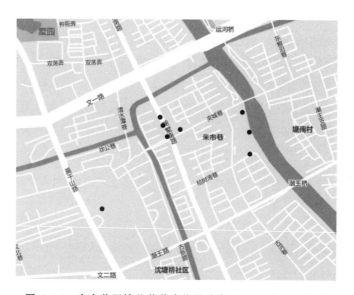

图 4-14 米市巷区块公共艺术作品分布图 （来源：作者自绘）

观察法数据采集总共记录到的路过人数为 2309 人次，停留人数为 237 人次。问卷法调查采用 3 个年龄段的配额抽样法（青年、中年、老年），共计采访 30 人，有效率 100%。采用先让被访者对单个公共艺术品的熟悉程度进行判断，然后请他们对相对熟悉的艺术品进行喜爱程度判断的方法，以确保问卷答案的合理性。

通过观察法采集到的数据，我们可以比较各个艺术品前经过的人数，判断该艺术品的场地选择是否恰当，即是否拥有较大的人流量，使艺术品能被

❶ 小组成员：童则宁，孙福良，徐利刚，叶悦齐，汪磊。观察法调查时间：2011 年 5 月。

较多的人欣赏，实现其公共效益。统计结果如表 4-7 所示。

米市巷区块路过人数统计表（1 小时）（由小到大排列）　　表 4-7

序号	E3	E6	E7	E8	E5	E2	E4	E1
作品	小区雕塑	雕塑·爷孙	雕塑·品茗	雕塑·吹笛	壁画	公共座椅	米市	自行车停靠点
路过	0	234	240	258	261	262.5	678	1530

我们还可以得到每个公共艺术品的停留路过比。综合停留路过比数据（表 4-8）与访谈法的喜爱程度数据（表 4-9），可以判断单个公共艺术品受关注的程度。

米市巷区块停留路过人数比（由小到大排列）　　表 4-8

序号	E3	E5	E1	E7	E6	E4	E8	E2
作品	小区雕塑	壁画	自行车停靠点	雕塑·品茗	雕塑·爷孙	米市	雕塑·吹笛	公共座椅
停留路过比	0%	2%	5%	7%	14%	16%	26%	66%

米市巷区块喜爱程度（由小到大排列）　　表 4-9

序号	E3	E5	E8	E1	E2	E7	E6	E4
作品	小区雕塑	壁画	雕塑·吹笛	自行车停靠点	公共座椅	雕塑·品茗	雕塑·爷孙	米市
喜爱程度	大部分人觉得一般	大部分人觉得一般	大部分人觉得一般	65% 喜欢	71% 喜欢	喜欢	喜欢	90% 喜欢

下面，我们对具有特殊性的几个作品：三岔口片墙、运河石牌坊和路面石雕、建筑立面浮雕、公共座椅、米市雕塑，进行详细的案例分析。

（1）三岔口片墙

"三岔口片墙"（图 4-15）为主观评价最差的艺术品，该艺术品位于从潮王桥到和平广场小道路旁。观察到的路过人流量为 332 人 / 小时，停留人数 35 人，其中看一眼的有 30 人，短暂驻足的有 5 人，没有一人坐下。这个观察数据是令人惊讶的。因为从设计原理而言，该环境艺术小品的初衷就是希望路过的人能借此倚靠或坐憩，然而调研结果显示，这一初衷并没有实现，且喜爱该艺术品的比例只有 13%。经分析发现，这是由该小品的维护状况过差造成的。其墙身抹灰砂浆小范围脱落，无法引起人们接近与依靠的欲望。

图4-15 "三岔口片墙"（来源：作者自摄）

（2）运河石牌坊和路面石雕

"运河石牌坊"和"路面石雕"（图4-16）是主观评价最好以及停留路过比最小的艺术品，两个艺术品都位于拱宸桥历史街区。访谈结果显示，牌坊与地面浮雕为所有被访者熟识并喜爱（均为100%）。然而，调研显示，这两个艺术品的停留路过比例很小（分别为5%和6%）。这个现象与A区中停留路过比例与受欢迎程度正相关的规律恰好相反。为什么受欢迎的艺术品，在这个区块却没有较高的停留路过比呢？

图4-16 "运河石牌坊"和"路面石雕"（来源：作者自摄）

丹麦学者扬·盖尔（2002）的经典理论认为，活动可分为必要性活动、自发性活动与社会性活动三大类❶。必要性活动指的是多少有些不由自主的活

---

❶ 必要性活动、自发性活动、社会性活动的英文分别是necessary activities, optional activities, social activities

动，例如上学、上班、购物、候车等。自发性活动指的是如果时间和场所允许，天气环境适宜，自愿、即兴发生的活动，如出去散步，见朋友，锻炼身体，买日常用品等。社会性活动是依赖于公共空间中其他人存在的活动。在公共艺术与路过人群互动的调研中，可以理解，如果路过人群中大量人流从事的是"必要性活动"，那么赶时间的他们并不会有时间停下来欣赏艺术品。我们注意到，在运河石牌坊和路面石雕的调研数据中，工作日与周末的上午、中午、傍晚这 6 个时间段中，傍晚时分的人流量特别大。现场观察也发现，在这个时间段，大部分的人流都是匆忙的下班人群。我们可以试着把这 2 个傍晚的时间段去掉，重新计算停留路过比。以路面石雕为例，重新计算的总路过人数为 635 人（表 4-10），停留总人数为 81 人，这样停留路过比就由原来的 6%上升到 12.8%。

路面石雕路过人数统计表　　　　　　　　　　　表 4-10

	时间	<18 岁	18 ~ 60 岁	>60 岁	总计
C7 路面石雕	周末 7：00 ~ 10：00	28	172	23	223
	11：00 ~ 14：00	8	43	4	55
	17：30 ~ 20：30	50	600	100	750
	工作日 7：00 ~ 10：00	8	155	35	198
	11：00 ~ 14：00	6	141	12	159
	17：30 ~ 20：30	57	743	230	1030

　　由此看来，一个合理的解释是，运河石牌坊和路面石雕的安置地点恰好在主要通道上。停留路过比小并不是由于这两者不受欢迎所造成的，而是因为，其一，路过它们的人群中大部分进行的是必要性活动，所以没有时间停下来欣赏艺术品；其二，艺术品所在的区域是成熟的居住区块，路过人群以居民为主，他们对这些艺术品已经非常熟悉，所以关注艺术品的频率就大大减少，但这并不意味着他们对艺术品的评价不高。另外，对于运河石牌坊而言，管理的不善也导致欣赏的人群比例下降。如图 4-16 所示，本来牌坊可以限定出较好的等候空间，然而由于该处南边的地下购物中心入口没有设置足够的自行车停车位，也缺乏有效的管理，牌坊下成为一个杂乱的停车场地。

　　（3）建筑立面浮雕

　　建筑立面浮雕（图 4-17）是停留路过比较大但主观评价一般的艺术品，该艺术品位于拱宸桥运河博物馆西南立面。它作为一个与建筑一体化的公共艺术品，本身是一个容易引人注目的作品。因此，尽管该艺术品路过人数比较少（157人/小时），但停留比例比较高（43%）。可惜的是该艺术品的喜爱程度只有40%。在访谈中，人们还反映该建筑立面被茂盛的植被遮挡，并且与主要道路之间设有木栏，不可逾越，布点太过隐蔽。

图4-17　建筑立面浮雕　（来源：作者自摄、自绘）

（4）公共座椅

公共座椅（图4-18）的停留路过比为66%，有71%的人表示喜欢这个作品，主观评价很好。一方面是因为它的设计品质有趣又夺目，另一方面是因为它位于繁忙街道的人行道旁，容易与行人产生关系。

图4-18　公共座椅　（来源：作者自摄）

（5）米市雕塑

米市雕塑（图4-19）停留路过比较大，且主观评价最好。该雕塑位于米市巷丁字路口转角处，该雕塑构思上借用百姓卖米的场景，表现了历史上买米的用具与情景。其停留路过比为16.2%，是最好的三个之一，主观评价中有90%的被访者表示喜欢。米市巷街口雕塑还引发了一些人的交谈，交谈者多为老人与小孩。

图 4-19　米市雕塑　（来源：作者自摄）

4.3.4　新城区——钱江新城片区

1.片区概述

钱江新城位于浙江省杭州市城区的东南部，钱塘江北岸。杭州自唐朝以来，就一直是经济地位与文化地位高度统一的全国性中心城市。在南宋时期，杭州确立了世界城市的地位，具有较高的国际声望，南宋时期的杭州已发展到了可与西欧近世都城相媲美的高度文明水平，在世界城市发展史上具有重大而深远的影响。直到英国工业革命之前，全球没有一座城市在经济规模方面超越南宋时期的杭州。钱江新城所折射出的一种"先进的、现代的、国际的文化"是杭州文化体系中的核心部分，是对杭州历史的传承与升华。通过钱江新城，把整个杭州逐步建设成国际大都市。

钱江新城市民广场上共分布有 50 多个公共艺术品，分别出自中国、意大利、俄罗斯、日本等国的艺术家之手。这些艺术品都来自"2008 中国杭州第三届西湖国际雕塑邀请展暨钱江新城雕塑邀请展"。该邀请展由市委、市政府、全国城市雕塑指导委员会和中国美术学院共同主办，以"生活品质之城"为主题，邀请艺术家结合钱江新城特定的自然环境和人文环境进行精心创作，共有 150 多位国内外知名艺术家的作品，是中国当代户外重要的雕塑展览之一。通过广泛征集、专家多次评选、公示、市民评议等方式，最终有来自中国及意大利、俄罗斯、荷兰、英国、美国、日本等国 55 名知名雕塑家入选参展（龙翔、单增，2009）。因此，本区域的公共艺术品与其他区域相比，有两个重要的特质。其一，这些艺术品的艺术水准普遍得到了业内专家的认可；其二，在选择艺术品的前期有市民评议环节。从理论上而言，这些艺术品的公共性应该比较高。基于钱江新城公共艺术现代化与国际化的典型特征，研究选取这里的公共艺术作为新城区公共艺术调研的代表区域。

2. 调研及结果概述

调查小组❶在对钱江新城 56 个公共艺术品进行初步踩点调查后，根据作品分布及材质形式多样化的原则，挑选了 9 个具有代表性的作品进行结构性观察和问卷调查研究，分别是：网络信号（D1）、向心（D2）、和谐杭州（D3）、红丝带（D4）、魄（D5）、门神（D6）、稻草人（D7）、生命之翼（D8）、莲说（D9）（图 4-20）。

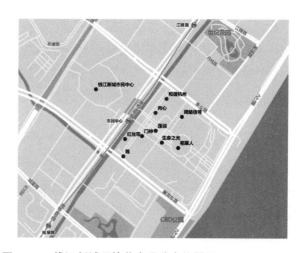

图 4-20　钱江新城区块艺术品分布位置图 （来源：作者自绘）

观察法数据采集总共记录到的路过人数为 834 人次，停留人数为 302 人次。问卷法调查采用 3 个年龄段的配额抽样法（青年、中年、老年），共发问卷 40 份，回收有效问卷 34 份，回收率 85%。为确保问卷答案的合理性，采用先与被访者聊天确定其对钱江新城的公共艺术品有充分的了解后再进行问卷调查的方法。问卷调查一般在下午 4 点到 5 点人们比较放松并且天气条件较好的时间段进行。

与其他组相比，钱江新城由于居民总量较少，公共艺术品的欣赏人流量很低，只有景区组的十分之一。停留路过比的情况，工作日和周末有很大差异。在工作日，路过艺术品的人群中，除地理位置较佳的稻草人之舞和莲说之外，几乎没有人停留。周末的情况要好一些，路过人群中游客的比例增大，有相当一部分游客会停下来观赏艺术品，但是这种停留现象仅仅限于观赏，很少有欣赏者会与周围人群进行互动（表 4-11）。

---

❶ 小组成员：吾娟佳，沈吉钗，马显强，储薇薇，伍巧丽，李听听。观察法调查时间：2011 年 5月。

钱江新城区块各种行为人数统计表 表 4-11

日期	形式	网络信号	向心	和谐杭州	红丝带	魄	门神	稻草人	生命之翼	莲说
工作日（30分钟）	交谈	0	3	0	0	0	0	41	0	4
	停留	0	3	0	1	8	1	78	3	30
	路过	15	35	73	3	50	4	107	24	95
休息日（30分钟）	交谈	2	6	0	0	0	4	6	17	18
	停留	16	10	17	4	24	18	33	23	33
	路过	29	20	55	11	85	54	67	42	65
停留路过比（总）		36.4%	23.6%	13.3%	35.7%	23.7%	32.8%	63.8%	39.4%	39.4%

有关该区域艺术品的公共性考察，通过采访广场保安得知，有一些游客是听闻第三届雕塑展而慕名前来的，但是问卷发现多数市民以及游客并不是很清楚这一状况，所以公共艺术品的公共性宣传还有提升的空间。下面，我们对具有特殊性的几个作品："向心""红丝带""莲说"，进行详细的案例分析。

（1）"向心"

艺术品"向心"（图 4-21）的空间布局存在一定的问题，它位于市民广场两条步行街交叉处的花坛里。通常物体位于交叉口，边缘和外墙地方人流量应该比较多，也比较能吸引目光。但是，由于"向心"位于花坛较里面无法触及，而且周围有一群雕塑挡住了视线，导致停留和路过人流量的比例较小。

图 4-21 市民广场步行街交叉处花坛——"向心"（来源：作者自摄）

（2）"红丝带"

艺术品"红丝带"（图 4-22）是路过人数最少且主观评价最差的艺术品。该艺术品位于解放东路西北方向，市民广场入口小路东北方向。就人流量而言是 9 个案例中路过人数最少的（记录的 60 分钟里，只记录到 15 个路过的行人）。这与该艺术品所处的区位有关。有意思的是，它同时也是主观评价最差的艺术品，70% 的被访者不喜欢该作品。

图 4-22　解放东路西北方向"红丝带"（来源：作者自摄）

（3）"莲说"

艺术品"莲说"（图 4-23）是停留与路过人流量比例较大，且主观评价最好的艺术品。该艺术品位于几条步行街的相交处，中间那条路是市民广场主干道，人流量大，西面是国际会议中心，东面是杭州大剧院，雕塑位于广场的中心位置。所以，在路过的人群中大部分人都会在此做短暂停留。另外，访谈结果分析发现，"莲说"也是受众主观评价比较高的艺术品。这个结果再次提示我们，艺术品的受欢迎程度或许会受到它的空间布局情况的影响。容易被观赏、接近的艺术品，在受众心目中的地位会有所上升。

图 4-23　"莲说"（来源：作者自摄）

4.4 公共艺术分区营造

由于各种自然、人文因素的综合作用，一个城市在总体空间上会形成不同的功能分区。公共艺术的规划设计应该与城市宏观空间规划相匹配，为城市分区的营造起到积极作用。通过对四个区域中的典型公共艺术品进行调查与分析，本节对不同性质片区的调研结果进行归纳，并采用物—地—人的分析方法总结各片区公共艺术营造需考虑的内容，以期为后续公共艺术规划策略在确定艺术品的布点、形式和题材等方面提供决策依据。

4.4.1 历史街区

从所分析艺术品的题材表征而言，岳飞铜像雕塑是最能体现南宋历史文化特色的公共艺术品。调研结果显示，岳飞铜像雕塑虽然路过人数最少，但停留路过比却是最高的。可以看出，该公共艺术由于其题材地域性特征明显而受到路过游人的喜爱。四世同堂雕塑与清河百子弥勒雕像由于题材与日常生活相契合而受到游人的喜爱。而"中国最佳旅游城市奖的雕塑"虽有较大人流量，但由于在题材上与历史街区的地域性、民众日常生活的话题契合度不高而很少受到游人的青睐。因此，对于历史街区的公共艺术题材而言，可以设置一些具有历史文化地域性特征、与民众日常生活关系较为密切的公共艺术。

从艺术品的空间布局与游人行为的角度而言，公共空间的游人行为一般具有步行与休闲两个特征。从宏观尺度而言，主要考虑公共艺术所处空间的人流量情况。从微观尺度而言，主要考虑艺术品的停留空间与本身的寓意。一方面，艺术品周边如果有一定的停留空间，更容易吸引游人驻足，例如四世同堂和清河百子弥勒雕像。此外，从艺术品本身而言，如果艺术品与公共服务设施结合设计，提供游人休憩的空间，可以提高公共艺术与游人的互动率，如四世同堂雕塑。另一方面，从艺术品本身而言，如果赋予其一定的寓意，如清河百子弥勒雕像的"摸一下可以发财"，也可以很大地提高艺术品与公众的互动率。

4.4.2 旅游风景区

在公共艺术的题材选择上，景区的公共艺术可以选择与旅游题材相关又具有历史文化特色的，如杭州老地图、马可·波罗雕像等。

从空间布局的角度而言，景区公共艺术的设置主要考虑道路级别、停留空间以及与空间尺度相适应的题材，具体有以下三方面：（1）景区公共艺术应较多设置于一级道路。一方面，一级道路的人流量远比二级道路多，利于提高公共艺术品对游客的识别度；另一方面，一级道路的夜景照明充足，出于安全因素考虑，游客在夜间更倾向于选择一级道路。（2）景区公共艺术品的设置应与行人的步行组织相结合，可设置于游客从外侧道路进入景区的路段上。（3）公共艺术品的设置应考虑周边有一定的停留空间，便于游客驻足拍照与交流。此外，公共艺术品在高度上不应设置得过高，否则会降低与游客的互动性，局限于欣赏的功能。而景区中如果有大片空地，可以设置地雕等具有较强互动性的公共艺术。

4.4.3　老城居住区

从空间布局的角度而言，老城区由于建筑与绿化密度较高，公共艺术品容易受到遮挡。因此，老城区的公共艺术品设置应考虑周边建筑、植被布局，降低公共艺术品的视线遮挡情况。

从行人行为的角度出发，老城区居民的日常行为有大部分从事的是必要性的社会活动，如上班工作。因此，老城区公共艺术的设置可以结合居民的日常行为路径，如上班、休闲等，运用大数据调查进行空间模拟分析，将公共艺术品更多地设置于居民休闲的主要场所。

从公共艺术的题材看，老城区的公共艺术应该更多地选择体现地方历史文化与市井文化的题材。老年人大多居住于老城区，日常休闲行为较多，且大部分会带自己的子孙外出。体现地方历史文化与市井文化的公共艺术品容易引发老年人的认同感及其与孩子的交谈，具有一定的教育作用。此外，在后期管理上，老城区的公共艺术品比景区的公共艺术品在维护方面更容易被忽视。因此，老城区公共艺术的后期维护管理问题应受到重视。

4.4.4　新城区

对于新城区的公共艺术营造，从空间角度而言，新城区的空间尺度较大，人流走向有一定的组织性，公共艺术应结合人流量设置，并注意周边空间是否有视线遮挡。

从艺术品的时代性而言，新城区的公共艺术一般具有现代艺术的特色。一方面，在新城区设置现代化的公共艺术时应注意艺术品的意义，结合现代意象，选取大众化与具有本土象征意义的公共艺术品。另一方面，钱江新城中的公共艺术品都是来自西湖国际雕塑邀请展并通过公众参与挑选出来的作品，应该说有很大的质量保证。然而在调研中却发现，这些作品中还是存在一些让人费解的作品。例如"红丝带"等艺术品让游客很难理解艺术家的意图，且其本身没有铭牌对自身的含义进行说明，使艺术品在实际使用中很少受到市民的关注。因此，新城区公共艺术由于其艺术现代性的特征，在一定程度上会造成公众一时无法理解的情况，需要设置铭牌进行解释，使游客更易接受。

第五章　公共艺术与城市文脉嵌入——以义乌市为例

城市艺术的发展是嵌入在一种更广范围的文化语境中（Sharp et al.，2005），文化已经成为政界一个重要的发展命题。20 世纪 80 年代以来，艺术介入公共领域的主张发生了根本性的改变。有学者认为，由于公共与私营部门委托制作的兴起、艺术政策与行政结构的扩张以及艺术家逐渐融合到城市设计过程中，公共艺术在欧洲和美国得到"复兴"（renaissance）（Hall and Smith，2005）。公共艺术开始受到关注，其中很多是由于地方政府推行"艺术百分比"政策而推动的（Hall and Robertson，2001）。

随着城市发展的质向转型，城市空间品质的提升越来越成为地方政府增强城市软实力的重要手段。从微观的空间尺度而言，公共空间中的公共艺术成为提升城市形象的重要载体。本章将对义乌市公共艺术的现状与规划思路进行探讨，并进行公共艺术规划的反思。首先对义乌城市公共艺术的发展进行回顾，实地考察其公共艺术的现状，在此基础上对典型问题做深入剖析，关注公共艺术的空间布局、题材与材质、公众参与、原创性、公众偏好等议题，探究义乌公共艺术的现状。接着，通过对义乌城市公共艺术的诉求进行分析，提出义乌公共艺术的规划思路。最后，对当前公共艺术规划的相关问题进行反思。通过现状调研、规划思路到规划反思，以期对义乌公共艺术未来的发展提供具有实践意义的借鉴。

5.1　义乌城市文化与公共艺术

义乌市位于浙江省中部，北距省城杭州 108km，面积 1105km^2。秦嬴政二十五年（公元前 222 年）始置乌伤县，相传孝子颜乌负土葬父，群乌衔土助之，乌口皆伤。唐武德四年（621 年）划出乌伤县置稠州，以稠岩得名；唐武德六年（623 年），稠州分置乌孝、华川二县；唐武德七年（624 年），合乌孝、华川为一，始称义乌县，沿用至今，其意与乌伤、乌孝无别。1988年 5 月经国务院批准撤县设市（县级）。

城市文化是一座城市在长期历史发展过程中的文化积淀。在长期的发展过程中，义乌主要形成了三种典型的城市文化。

首先是崇文好学的学术文化。唐代以后，义乌学风盛行，有"小邹鲁"之称，特别是在宋室南渡以后，政治、经济、文化中心转移，义乌学术也更加兴盛，民间讲究"耕读传家"。在朱子理学、吕祖谦婺学、陈亮事功之学等学术思想的影响下，学术氛围盛行，出现了傅定、黄溍等历史文化名人，到元明清时理学、儒学、艺文兴盛，人才辈出，成就颇丰（王翔，2015）。

其次是尚武勇为的忠勇文化。义乌人以尚武扬名于世，源于"义乌兵"的抗倭御寇。明朝中叶以后，国家政治日渐腐化，社会动荡不安。倭寇的入侵更是使得东南沿海地区受到了很大的威胁，戚继光奉命抗击倭寇。他得知义乌人英勇护矿的行为后到义乌募兵，训练成闻名的"戚家军"。此后，义乌中武科举人、进士的人数不胜数。义乌人尚武勇为的风气得到发扬，习武风气盛行。

最后是尚利进取的商贸文化。义乌因繁荣的市场经济而闻名，曾以其独具特色的商业文化创造了令人瞩目的商品经济。义乌最早的商业文化传统要追溯到两千多年前，在义乌江外埠通商的条件下，义乌的商贸文化得以发展。由于土壤贫瘠、人多地少，在生存压力大的情况下，为了满足乡村百姓的日用需要，当地农民肩挑货郎担，手摇拨浪鼓，去江西、福建等地走巷串户，用自家产的生姜糖换取鸡毛，再把鸡毛做成鸡毛掸子换取微薄利润。义乌敲糖帮历经卖糖、敲糖换鸡毛到经营小商品贸易，形成了具有地区特色的"鸡毛换糖"和敢闯敢创的"拨浪鼓文化"。义乌的敲糖帮是中国敲糖帮历史中最杰出的一支，敲糖帮文化不仅仅指敲糖换物这一行为，还指义乌人在货郎担小商品买卖过程中孕育生成的价值观念、思维方式、道德规范等精神文化的综合。改革开放初期，货郎担与时俱进，将"鸡毛换糖"演变为小百货买卖，由此产生了街边小摊贩，并形成"小商品市场的雏形"。随着小商品贸易的日益红火，小商品城五易其址，八次扩建，享誉全球的小商品集散中心屹立于江浙大地。在此期间，义乌人以包容之心、诚实守信与全世界宾朋从事贸易活动，形成多国家聚集、多民族交融、多元文化融合的欣欣向荣态势。

在城市公共艺术的发展上，义乌的公共艺术一直伴随着城市的发展而兴起，同时也见证了义乌市场的更新换代（图5-1）。1987年，稠州公园内设置了6位名人的雕塑，为义乌境内最早的城市雕塑。1988年，在现小商品城篁园市场西门建造的"拨浪鼓女神"雕塑，成为义乌人的商业图腾，也成为不少人对于义乌第四代市场——篁园市场的回忆。2001年12月，义乌市城市雕塑办公室成立。2002年6月，编制了《义乌城市雕塑规划》。随着城雕办的成立，义乌的公共艺术又增添了新的活力，出现了不少贴近市民生活的雕塑，如《下棋》《呼啦圈》《拨浪鼓的故事》。其中《拨浪鼓的故事》再现了20世纪中叶以"鸡毛换糖"为生的壮年农民形象，手摇拨浪鼓，肩挑货郎担，走村串户，反映了从鸡毛换糖起步逐渐发展成为中国小商品城的艰辛历程，体现义乌人民吃苦耐劳的精神。2009 年，中央公园设置了六组情景雕塑。但目前看来，义乌公园等地的城雕多建于 2005 年之前❶。

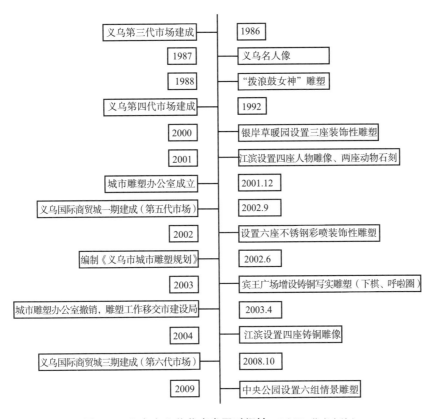

图 5-1　义乌市公共艺术发展时间轴 （来源：作者自绘）

　　虽然义乌在 2002 年编制了《义乌市城市雕塑规划》，但该规划缺少实际指导意义。2011 年，义乌市人大代表朱美莲提出《关于设立"鸡毛换糖"大型城雕和义乌市场发展博物馆的建议》。她建议建设部门在城市适当区域设立大型的"鸡毛换糖"城市雕像。随后义乌市建设局答复，目前尚无全市性的雕塑建设规划，将会同相关部门尽快展开雕塑规划的编制工作❷。但至今，义乌市仍然未见出台相关的公共艺术规划。仅仅只是在 2016 年的政府工作报告中提及编制城市雕塑专项规划的内容："完成城市标识视觉系统设计，开展城市色彩、综合交通、城市雕塑、灯光照明等专项规划"❸。由此可见，义乌市公共艺术的发展尚处于较低水平，且政府领导人员仍然没有意识到将"城市雕塑"向"公共艺术"拓展的重要性。

❶　参考来源：http://www.jhnews.com.cn/zzxb/2013-01/10/content_2625415.htm

❷　http://www.jhnews.com.cn/zzxb/2013-01/10/content_2625415.htm

❸　参考来源：http://www.ywnews.cn/html/2016-03/10/content_1_3.htm

5.2　研究方法概述

由于义乌市雕塑管理委员会已于数年前解散，目前很难搜集到整个义乌市公共艺术品较为全面的数据和资料文档。调研首先以扫街普查的形式对义乌市的公共艺术品进行摸底，重点调查艺术品数量、类型与分布等情况。在调查过程中还观察了义乌市的公共空间使用强度。通过两次现场调研，总共统计到义乌市目前主要的艺术品数量为114件（其中包括28件正式艺术品和12件非正式艺术品），艺术品主要分布在稠城街道、人流较大的公共空间绣湖公园和广场、义乌滨江绿地等。其次，采用非参与式观察法和结构式访谈法对个案的品质进行评价。调研选取义乌市一部分具有代表性的艺术品进行案例分析，具体考察公众对单个艺术品的欣赏方式和状况、空间布局、作品自身特性及其维护状况等。同时绘制艺术品的场地布局，填写艺术品清单上的内容，包括材质、艺术品说明、维护状态等。考察尽量使案例的负载类型（包括雕塑、壁画、公共设施艺术品、与建筑结合的公共艺术品等）、空间布局类型（包括广场中心、侧边、街道两侧等）、题材（包括民俗场景型、趣味装饰型、抽象装饰型、历史纪念型等）以及材质（石、不锈钢、木、青铜等）等多样化，确保收集到的结果有利于进一步的分析与比较。

5.3　调研结果与问题分析

5.3.1　题材、材质与负载类型

根据调研结果，将义乌公共艺术品按题材分为抽象装饰型、趣味装饰型、民俗场景型、历史纪念型四种，其空间布局如图5-2所示。其中，抽象装饰型与趣味装饰型数量最多，民俗场景型与历史纪念型数量相对偏少。

装饰型题材的艺术品操作难度较低，有较大的创作空间。然而，从现场调研的情况看，该类型的艺术品数量虽多，但往往缺乏地域特色，形式和内容上常常与其他城市趋于雷同。从本土文化特色看，义乌历史悠久，名人辈出，四大名家闻名遐迩。新时代的城市具有浓厚的商业文化，形成了具有地区特色的"鸡毛换糖"和敢闯敢创的"拨浪鼓文化"。但实际调研反映，在这样的历史与地域背景之下，能够体现城市特定历史文化的公共艺术品数量却不多，不少艺术品缺乏地方特色，作品与周围的环境格格不入，没有充分利用民俗场景与历史纪念型的公共艺术品进行城市深层内涵的挖掘。一些公园尤其是新建公园拥有一定数量的装饰型题材的公共艺术，但是却鲜有历史民俗特色的作品。在滨水绿地公园如此大的范围内，历史纪念型的作品不到5件。

在材质上，目前多数选择了石材与金属。石材类型的作品占据了将近一半。多种材质同时使用的作品数量明显不足。由此导致作品形式单一，色彩质感也不丰富。同时，通过分布图（图5-3）可以看出，在一定区域常常集中了相同材质的作品。对新材料与高科技的呼唤日益急切，城市艺术亟须新兴活力的注入。

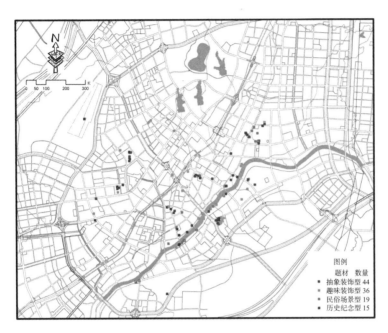

图5-2 义乌公共艺术品按题材要素分类空间布局图 （来源：作者自绘）

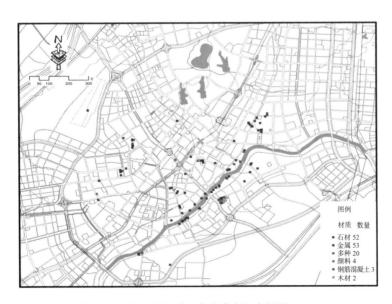

图5-3 义乌公共艺术品按材质要素分类空间布局图 （来源：作者自绘）

随着现代科技以及艺术观念的扩展，现代公共艺术材料也相应地得到了拓展，例如光影、不锈钢、货币、毛发、油脂、花草、废弃物、人体等都成为艺术家尝试和青睐的材料。可以说，公共艺术材料运用的范围和语言的多样性是空前的。但总体而言，义乌公共艺术的题材仍不够丰富、材料单一、缺乏创新、创作水平参差不齐，与义乌建设国际化商贸城市的要求还有一定差距。

在负载类型上，根据调研结果，将义乌目前的公共艺术分为雕塑、壁画墙绘及地雕、与建筑结合的公共艺术品、公共设施艺术品四种。从调研结果可知，该市公共艺术主要以城市雕塑和壁画墙绘及地雕为主，其他形式为辅。从空间分布看，以雕塑为主要负载类型的公共艺术品在整个市域范围里都有分布，以滨水地区较为突出。在江北的中心城区以及福田片区，壁画与墙绘及地雕形式明显增多。而艺术化的公共设施则更多出现在公园与广场等休闲场所。

5.3.2 空间分布

在城市整体空间下审视，义乌市 114 件城市公共艺术作品的空间分布并不均衡。稠城街道占据了将近一半的数量，北苑街道、江东街道的雕塑也较为集中。稠江街道以及后宅街道中，艺术品比较稀少。另外，公共艺术在福田片区的中央公园，江滨绿地公园以及鸡鸣山公园的分布显得较为集中，而且他们都代表着比较高的水准。中心城区以及宾王商贸区公共开敞空间艺术品太少，尤其是居住社区，甚至没有一个高水准的艺术作品。除上述之外，街道作为公共空间，艺术作品很少，艺术化水平较低。

总体而言，目前义乌缺少艺术品的地区包括低收入邻里、学校、街头绿地、商业街、门户位置等，这在一定程度上违背了公共物品供给的公平性原则。现状雕塑大多布置在政府广场、市中心广场或大型公园绿地内，而与百姓生活更为密切的商业街和街头绿地等公共空间，艺术品则相当贫乏（图 5-4）。

国际上西雅图北门地区的公共艺术规划就明确指出，在可能的情况下，新的艺术品应安置在较为缺乏的地区（Shaw，2005）；亚特兰大的规划也提出了布局的公平性原则，要让艺术品在城市中散布，而不是像以往那样集中在中央商务区（City of Atlanta，2001）。这条标准与公共艺术价值的趋势转换——由重视提升形象、宣传城市文化的对外价值转变为兼顾增加当地居民认同感和自豪感、找回城市归属感的对内价值（董奇、戴晓玲，2011）是一致的。

图 5-4　义乌市公共艺术作品空间分布状况评价图　（来源：作者自绘）

5.3.3　公共性与原创性

从公共参与度评价而言，访谈显示，不少市民虽然反映出公共参与的意图，但认为最终的决策权还是掌握在政府手中。因此，在公共艺术规划中应明确公共参与的途径和保障机制，有效解决艺术品公共性的问题。从艺术品的可达性而言，部分使用者反映，孝子祠公园里面的展馆经常关闭，而稠州公园对公众进行收费的营利性行为也会减少人们进入的欲望。从互动性来看，目前义乌的公共艺术与公众的互动性较差。这些艺术品有的停留路过比很高，但是艺术品与公众之间的互动性不强；有的艺术品由于自身布局的问题被公众忽略；有的艺术品由于自身形式和宣传不力，与公众之间没有达到沟通，导致其最终不被理解。大量公共艺术缺少铭牌说明，有时即使艺术家在创作过程中有文化嵌入的意识，但由于其与公众在艺术认知上的错位，作品中植入过多公众无法理解的艺术手法与语言，导致公众一时无法理解其创作意图而使作品如同毫无意义的公共物件，从而导致公众与艺术家之间沟通的断裂。

从原创性的角度看，在选取的 25 件典型样本中，没有一件作品配有说明艺术家信息的铭牌，仅有《拨浪鼓的故事》以及《问茶》对作品有简单的介绍，不到 40% 的艺术品附有名称与建成年代。此外，调查中发现，存在克隆版甚至批量制造的作品，使得公共艺术的原创性无法保证。如位于中央公园的《商通四海》雕塑，该作品可以在网上随意定制，不仅可以复制一个一模一样的雕塑，商家还可以根据顾客的要求，将原本的材质做成砂岩、大理石、汉白玉、玻璃钢仿铜、贴金、玻璃钢仿旧等效果（图5-5）。公共艺术品被大量复制，不再具有限量的特点，大大降低了其艺术价值，而这也是对创作者著作权的侵害。公共艺术的商业化，背后反映的正是在艺术市场的交换价值下，作品从使用价值转变为交换价值的商业性逻辑。

图5-5 《商通四海》雕塑作品可以在网上随意定制 ❶

5.3.4 使用者偏好

通过对59份有效问卷进行整理统计（有效率为98.3%），了解公众对艺术品题材的偏好程度。统计结果显示，公众对四种常见题材的喜好程度并不同。其中，对历史纪念型的喜好程度最高，达到了33.93%，民俗场景型也有较高的支持度，为25.89%（表5-1）。在访谈中，许多受访者表示，希望有更多具有创意性的题材能够出现在城市的公共艺术品中。可见，目前义乌公共艺术的整体创意水平有待进一步提高。

艺术品题材偏好统计表			表 5-1
艺术品题材	历史纪念型	38	33.93%
	趣味装饰型	27	24.11%
	抽象装饰型	18	16.07%
	民俗场景型	29	25.89%
	总计		100%

❶ 图片来源：阿里巴巴批发网https://detail.1688.com/offer/82421217.html?spm=0.0.0.0.pTq9YU

我们对 25 个典型样本的喜好程度进行排序，选取前 10 件进行分析，如表 5-2 所示。由这些数据也可以看出，民俗场景型与历史纪念型艺术品更受公众欢迎，而在材质方面并没有明显的偏好。

偏好调查排名前十的艺术品信息统计表 表 5-2

名称	负载形式 / 题材	材质	调查份数	喜爱程度				排序
				喜欢	一般	不喜欢	喜欢的比例（%）	
《拨浪鼓的故事》	雕塑（民俗场景型）	金属	12	10	2	0	83.33	1
大安寺塔	古塔（历史纪念型）	石材	12	8	4	0	66.67	2
《赶集》	雕塑（民俗场景型）	金属	12	8	4	0	66.67	3
钓鱼矶公园塔	与建筑相结合（历史纪念型）	石材	11	6	2	3	54.55	4
《晨趣》	雕塑（民俗场景型）	金属	12	5	6	1	41.67	5
《神骏凌云》	雕塑（民俗场景型）	金属	12	5	6	1	41.67	6
秀峰公园墙雕	墙雕（趣味装饰型）	石材	11	4	6	1	36.36	7
经发大道墙绘	墙雕（趣味装饰型）	颜料	11	4	4	3	36.36	8
《天马腾空》	雕塑（民俗场景型）	金属	11	4	5	2	36.36	9
小剧场	雕塑（抽象装饰型）	玻璃、金属	12	4	7	1	33.33	10

5.4　义乌公共艺术规划思路

公共艺术在融于都市建设的过程中，不仅要以独特的形态妆点城市的环境，成为城市形象的点睛之物，同时亦要根植于特定的场所成为地缘文化和场所精神的载体，并通过与人群交流、对话等直观的方式阐释地域的历史与人文价值，让人们凭借公共艺术即可解读城市和公共场所的文化和精神内涵，增强人们在特定自然和文化环境中对于文化历史和审美意识的理解。这一点在其他国家的公共艺术建设中已获得普遍认同。

在公共艺术发展较为完善的西方国家，介入都市空间的公共艺术已不仅仅是美化城市的点缀之物，而是被作为城市的"名片"或"点睛之笔"，并借此来弘扬城市的文化、彰显城市的精神和标榜城市的价值取向。诸如哥本哈根的美人鱼、新加坡的狮头鱼尾像等，它们在与本土文化融合之后，已然超越了作为一种单纯城市雕塑的物质载体，内化为城市的精神象征与文化标识。基于这一功能，许多城市在建设过程中纷纷引入公共艺术，并希望以此来提升城市的文化品质、改善城市形象和延续城市记忆。

然而，在义乌市的公共艺术调研中，我们发现，其公共艺术无论在地域文化的运用、与空间环境的协调、与公众的互动等层面均存在一定的不足。这些问题往往是由于项目委任者或创作者在规划设计阶段缺乏对所在空间环境的分析与推敲，不顾公共艺术与环境的共生性所造成的。

从调研结果看，义乌城市公共艺术主要有两个方面的诉求。

第一，融入城市文化，展现义乌城市特性与魅力。城市文化是一个地方独特形态与价值的重要体现。公共艺术作为城市体系中的一种资源要素，是体现一个城市文脉的重要空间载体，也是城市居民寻找文化认同的精神支柱。第二，提高城市公共艺术的公共性。公共参与是公共性的核心诉求。作为公共空间的艺术，公共艺术不应该是艺术家单方面的创作与意识体现，公众才是公共艺术的主体。应该在公共艺术的规划设计与创作阶段积极引入公众的参与，实现公共艺术的亲民性与互动性。由此，义乌公共艺术的营建，从文化嵌入与增强公共性的角度考虑，主要有两个思路。第一，以城市空间性质为语境，营建具有地方文化特色的公共艺术空间体系。调研中可以得知，目前义乌城市公共艺术缺失的空间主要有居民社区、学校、商业街等与公众密切相关的公共场所。因此，这类空间应该成为公共艺术营建的重点，结合空间性质与义乌本土文化定义进行营造。例如，学校与居民社区以传统的学术文化、忠勇文化为主；商业街则以传统的商贸文化，敲糖帮、拨浪鼓文化等为题材进行营造。

第二，以微观空间设施为载体，营建具有城市人文关怀的公共艺术微观体验。随着城市雕塑向公共艺术概念的拓展，公共空间艺术品的形式越来越多样。但目前义乌公共艺术的负载类型仍以雕塑为主，与公共设施结合的公共艺术较为缺乏。公共设施作为城市公共服务系统中的重要组成部分，不仅实用，更能起到装点城市、激活空间的作用，是城市公共空间中的重要构成要素，也是最能提高公众与公共艺术互动性的空间载体。以城市围墙为例，可以通过义乌农民画的绘制进行美化，使公众得以在日常生活中随时体验到民间艺术的光彩（汪秀霞，2014）。同时，公共艺术的营造应该注重对新材料与高科技的运用，提高艺术品的创意设计。城市艺术亟须新兴活力的注入。

5.5 公共艺术规划反思

从当前看来，我国各级政府尚未建立相关的公共艺术规划框架体系。前置政策的缺位，会增加规划实施的难度。此外，公共艺术的特殊性决定了不能简单沿用传统规划的思维和方法进行公共艺术专项规划的编制。公共艺术不是必需性的公共物品，其配置不应强调服务半径原则等常规引导要求；除少数大型艺术品外，大多公共艺术不需要专门审批用地，而是附属于公共建筑或开敞空间，因此，通常的规划用地分类不适用此类规划。有别于通常的城市公共服务设施，公共艺术品设置应该具备可达性、可视性、文化性及空间协调性的完整统一。在公共艺术品的决策方面，应采取理性分析和自由创作相协调的态度。

与其他专项规划相比，公共艺术规划既要正视公共艺术区别于其他公共物品的属性，也要兼顾两个学科的理论，在定义、价值、自由创作、规划引导、公众参与、多部门合作等议题上进行整合分析。既避免由艺术家过于主观而造成的宏观规划层面的实施困难，也弥补因规划师过于理性而导致微观创作层面的困境。

第六章　我国城市公共艺术规划策略

前两章以杭州与义乌两市为实证案例进行城市公共艺术营建的探讨，对我国快速城市化进程下的城市公共艺术实践问题进行反思与总结，为本章公共艺术规划策略的提出提供了现实支撑。

随着经济文化的发展，公共艺术在城市建设中占据越来越重要的地位。本章首先对公共艺术的价值与潜在愿景进行梳理，明确公共艺术在城市物质空间塑造与人文空间提升方面的作用。然后对当前我国公共艺术的相关政策进行阐述，明晰公共艺术在国家宏观政策体系中的现状。接着，从理论层面对公共艺术规划的原则、内容与策略框架进行总述。最后，从公共艺术规划所涉及的政府、公众与艺术家三大主体出发，基于实践层面对公共艺术规划的前期、中期、后期行动纲领进行具体分析，并提出三条具体的规划策略。本章搜集了大量的实践案例，为公共艺术的规划策略提供了实践理念与支撑，对城市公共艺术的建设与优化具有重要的参考价值。

6.1　价值梳理、潜在愿景与挑战

城市管理部门在委托公共艺术规划项目前，应该对公共艺术在城市中的价值进行评估，根据当地的具体情况，明确公共艺术在城市建设发展中所要达到的主要目的，以此指导具体规划方案的编制。美国西雅图的北门公共艺术规划（Northgate Public Art Plan）提出，公共艺术的目的主要有六点：历史文化的提示与纪念、地标和寻路的标志、建筑和景观的修饰、对地方特性变化的回应或阐释、艺术家想象力的表达以及其他相关认知的表达（Shaw，2005）。总体而言，公共艺术在城市中的价值是不言而喻的，既有重塑硬质空间形象的作用，又有提升城市软质竞争力的潜力。这些价值具体是如何体现的，正是本节所要探讨的问题。

6.1.1　价值梳理与潜在愿景

1. 重塑城市形象

随着城市化进程加快，城市规模迅速扩大，地域空间快速拓展，城市周边出现了新城区和卫星城，新城区面对广阔的"未发展"土地，有着紧迫建立城市形象的任务。同时，随着全球化加速及其所导致的全球经济重构，第二产业比重下降，传统产业在激烈的国际经济技术竞争中迅速衰退，老城功能日渐衰败，历史风貌亟须得到保护，重塑和更新旧城形象的任务也凸显出来。

文化培育对快速城市化进程中的城市来说，获得可持续性发展的意义重大。公共艺术的引导，并不是单纯为了保护老城历史风貌、解决旧城功能更新问题，它同时还将满足城市发展的功能需要，拓展旧城与新城的文化空间模式，重塑城市的空间形象，增强城市的文化影响力。因此，以公共艺术为手段的文化引导也就成为一项具有关键意义的城市发展策略，具体体现在两个方面：引导旧城更新与建立新城形象。

第一，公共艺术引导旧城更新。城市化进程对加速城市发展产生了巨大的影响，原来城市传统产业的衰败导致的物质环境的破旧以及社会经济的两极分化给产业转型中的传统城市带来了很大的冲击。但人们也意识到，快速城市化进程下的经济产业转型在导致传统工业城市衰败的同时，也给一些有着悠久历史文化遗产的地方带来了很多机遇。各个城市应该调整自身的更新发展策略，才可能应对快速城市化进程下的各种问题。

现代城市理论研究认为，具有较强文化脉络的城市环境设施是经济发展成功的关键性因素。在快速城市化进程中，第三产业比重加大，资本和智力劳动者的流动非常频繁并且迅速，人的创造革新能力是城市发展的决定性因素。而这种有创造力阶层的人对其工作和居住场所有特殊的选择爱好，总的来说，倾向于选择能够提供丰富多彩生活内容的位置，例如靠近音乐厅、剧院、艺术馆、历史传统街区和有多元文化的地方生活，关键在于这个地方要让他们觉得有个性、很特别。Florida（2002）就提出，"没有多样化、缺少稀奇古怪的东西、没有多元文化的共存与宽容，一个城市就会消失。城市实际上并不需要传统的只有经济功能的城市中心，它需要的是更多的有创造力的不平常的人。"正是因为这些有创新能力的人的存在，才使得城市更加有活力和竞争力，更多的商业投资和其他研发机构也才能被吸引到这个特定的地方，衰败的旧城也才能达到真正意义上的更新。因此，城市的公共艺术文化空间可以扮演一个更为积极的角色。旧城更新和新城发展策略有必要充分利用原有的文化和历史内涵，通过保护、改善甚至新造一些文化设施和前卫奇特的建筑以及雕塑装置，建设满足新的文化需求的城市环境，以最终提高城市的整体竞争力。

以英国的城市更新实践为例，城市的文化提升活动已成为地方经济发展政策的一种方式。政府开始鼓励私人资本参与城市文化活动和文化设施建设，文化政策被视为深化本地经济基础和城市更新的有效工具以及引导城市扩张的因素。在国际范围内，文化已被视为一种经济手段，用于创造更多的就业机会复兴旧城经济，加速新城发展，缓解快速城市化进程中因传统工业衰落所造成的一系列问题。它的效益可以通过经济衡量来进行政策、投资经济回报、就业率、直接或间接的收入增长、社会和空间的受益群体分析等。从这点上讲，政府的文化投入已经成为一项产业的"投资"，而不是传统意义上的福利"补贴"。研究也表明，英国格拉斯哥市是在欧洲最具影响力的利用文化政策来引导城市更新开发的成功案例（董奇、戴晓玲，2007）。

快速城市化进程中为了缓解旧城中心的人口规模压力，必然会将人口引导到外围的卫星城镇和新城，而这种城市疏散的后果实际上又导致了旧城中心被遗弃从而变得更加破败不堪。事实上，满足新的社会生活方式的要求，特别是发现城市文化生活的魅力，才是快速城市化进程下城市更新与发展的核心要素。曾经有过很大争议的理论界现在也基本认可文化因素在城市更新中的重要作用。

第二，公共艺术建立新城形象。为了适应不可预计的城市发展规模，高速城市化导致了城市的不断扩容和大规模规划，城市外围的卫星城镇与新城如雨后春笋般建立，以此来缓解旧城的人口压力。而在新城的规划建设中，与居住区、商务区乃至配套服务设施等同等重要的是公共艺术等文化的嵌入。

一方面，快速城市化进程中城市发展的首要目标应该是改变城市形象，利用公共艺术等文化影响，吸引更多的外来资金和技术人才。只有提升城市形象，才能使城市成为吸引人们前来居住、工作、游乐的地方。同时，倡导城市本土精神，培养市民的自豪感和归属感，才能让城市在快速城市化进程中不致落败，才能将城市推向世界，推向更广阔的平台。作为展现城市面貌之一的公共艺术，其所带来的文化影响能大幅度提升城市形象，而各类公共艺术项目在市民生活中的渗入，正是极大提升文化在城市居民心目中地位的有效手段。

另一方面，城市文化是城市生活的灵魂和核心，公共文化建设是城市建设与发展的重要内容。挖掘城市文化内涵，建立合理有效的城市文化建设机制，合理开发城市文化资源，真正从人与自然的角度，从城市文脉建设的角度，构建人文活动空间体系，彰显城市独有的品格与魅力，才不至于让当前新兴的城市沦落为一座文化空城，也不至于使新兴城镇以及卫星城由于文化底蕴的缺失而丧失自己独立的城市品格。

2. 促进城市发展

公共艺术对于城市发展的促进，能够从精神、社会和经济三个方面发挥重要的作用。首先是精神作用。具体体现在三个方面：（1）公共艺术具有发现的功能。人类对于美有着与生俱来的需求，公共艺术品具有让公共领域的市民发现城市之美的作用，吸引怀着艺术理想的民众对于文化和艺术的兴趣，发掘民众中的文化力量，从而促进文化发展，发挥公共艺术的发现作用（图6-1）。（2）公共艺术具有文化拯救的功能。公共艺术的一个重要任务就是文化拯救。公共艺术构筑的空间还会提供一种文化医疗和教育功能，为生活在其中的人们提供一种文脉的唤醒。工业化社会对经济追求的热衷引发了一系列城市病，在很大程度上导致了文化的断裂，带来更大成本的文化拯救和传承。人们开始把量化的城市建设转向质化的城市建设，逐渐重视城市的文化继承与营造。通过将地域文化植入公共艺术中，可以拯救已经或即将断裂的文脉。（3）公共艺术具有沟通的功能。互联网的发展没有拉近人们的距离，反而让人与人之间的沟通能力越发弱化。公共艺术构筑了一个区别于工作、学习的场所，提供了一个相对符合"公共领域"概念的空间。在这个空间中，通过公共艺术加强人与人之间、人与艺术、人与政府的沟通能力。公共艺术以与大众沟通交流为核心价值，而在这种交流中，理解内容远比识别符号更有意义。当艺术的形式从神圣化、殿堂式的高高在上变成注重"民主、互动、开放、参与"，与民众的关系成为互动的双向交流关系时，有助于促进地区的和谐。公共艺术作为精神文化的一种形态，在这方面具有重要的意义。以上海浦东国际机场为例，作为国际级的机场，不能仅仅满足为旅客提供简单的候机服务，通过植入公共艺术，也可以为他们提供丰富的候机体验，同时为机场的文化建设提供良好的载体作用，充分展现多元世界文化的融合（图6-2）。

图 6-1　德国街头公众与公共艺术品的互动　（来源：作者自摄）

图 6-2   上海浦东国际机场"多国人物"雕塑   （来源：作者自摄）

　　其次是社会作用。公共艺术设置于城市公共空间中，通常被赋予艺术与人文形象，通过一种特殊的方式扮演着诸多的社会角色。首先，城市公共艺术可以作为城市公共空间中的标志物，美化城市环境，增加其特殊的艺术魅力与景观丰富性。其次，公共艺术可以通过视觉艺术体现城市历史，并且通过其对话和互动的本质促进社会交流。当地的历史、食物、独特的街道尺度、乡音等构成了每一个城市的个性。冯骥才说过，城市和人一样，也有记忆，这个丰富的、坎坷而独特的过程全部默默记忆在它巨大的城市肌体中。再次，公共艺术还可以引起人们对社会问题的关注，通过艺术品所带来的震撼引起人们的警醒和反思。例如，为了引起公众对于全球变暖的关注，2009 年 9 月 2 日在德国柏林御林广场音乐厅前，由世界野生动物基金会委托，巴西艺术家 Nele Azevedo 将一千多个不同形态的小冰人放置在楼梯上。在 73 华氏度（23 摄氏度）下，这些被称为小型纪念碑的小冰人经过几个小时的展出后，在众多参观者面前慢慢融化成水，消失殆尽（图 6-3）❶。

图 6-3   融化中的一千多个小冰人 ❷

---

❶　参考来源：http://auction.artron.net/20101227/n142920.html

❷　图片来源：http://neleazevedo.com.br/

案例一：环境议题的探讨

校园公共艺术是学校教职工和学生对某些议题进行讨论的载体。校园是教育的场所，在这里师生们可以对特定议题进行讨论，建立正确的态度和独立思考能力。如当前全球关注的环境议题，在校园中也能以设置公共艺术的方式，通过艺术家不同的诠释手法，凝聚大家对环境保护的共识。艺术家Elizabeth Grajales在皇后区公立第92学校创作一系列有各种动物的陶砖，作品名称为"谁和我们分享这个世界？"（图6-4）。Grajales希望激发学生们讨论各种生物的重要性，从濒临灭绝的非洲象到都市中的鸽子等，并传达她对自然之美和自然之脆弱的看法。另外，在曼哈顿区的West Side高级中学里，艺术家Allan和Ellen Wexler用人工合成的材料塑造出一座公园放在整齐的方格子中的景象，用来象征都市中人工化的自然景观（图6-5）。艺术家希望人们看到这个景象时心中会出现许多对于现行都市环境的想法，进而引起讨论。此外，Justen Ladda在布朗克斯区公立第7学校的创作，也同样表达了对环境议题的关心（图6-6）。在新建校舍的饮水台前，一幅幅描绘瀑布、湖边和海边的马赛克瓷砖拼贴呈现在使用者的面前，它不仅提供美丽的景象，更蕴含着尊重并善用水资源的意义。在都市里，自来水系统往往让人们忘了水资源也有耗尽的一天，饮水台前的拼贴正好唤醒了人们的警觉。

图6-4　"谁和我们分享这个世界？"动物瓷砖公共艺术　（来源：纽约市文化事务部网站）

图6-5　West Side 高中内体现人工化景观的公共艺术　（来源：纽约市文化事务部网站）

图 6-6 提醒人们珍惜水资源的公共艺术 （来源：艺术家 Justen Ladda 个人网站）

参考来源：何镜堂、郭卫宏，2007

此外，公共艺术能在某种程度上提升城市的包容性。Sharp 等人（2005）认为，艺术品安置到城市肌理中的过程对城市包容性的成功发展而言十分关键。以格拉斯哥中心广场的一座人物雕像为例，它是用以纪念苏格兰的第一任首相 Donald Dewar。但就是这样一座富有纪念意义的雕像也总是被人乱涂乱画。这个例子说明，不同的人对公共艺术品的解读方式都不一样，尽管它是对城市的美化或纪念，但它不一定能得到普遍性的认可。必须要了解，公共艺术品也是艺术，对它的认知主要取决于个人的品位和喜好。对公共艺术而言，上面的认识非常重要。因为公共艺术具有不可避免性，然而对它的反应却是多样的，可以是从高度赞扬到反对或是不为触动。但是随着时间的流逝，公众会慢慢接受艺术品（Sharpet al.，2005）。

案例二：作为城市标志的公共艺术——日内瓦大喷泉

位于瑞士日内瓦湖畔的日内瓦市是一个国际性城市，而湖上的日内瓦大喷泉（图 6-7）则是该市最著名的地标，也是世界上最大的喷泉之一。它坐落在日内瓦湖流入罗讷河之处，其水柱冲天而起，让人们从日内瓦城里就能观赏到它，即使乘坐飞机在一万米的高空飞越日内瓦时，乘客也总能俯视到它高高的身影。入夜后灯光伴随着喷流四处泛起，从湖面上看去，非常优美壮观。

最初的日内瓦大喷泉安装于 1886 年，在现在的喷泉位置下游不远处。当时的喷泉用作一台发电机的安全阀，可以喷射到 30m 的高度。1891 年，日内瓦人充分认识到它的美学价值，同时为了庆祝瑞士联邦体操节和瑞士联邦成立 600 周年，便把它移到现在的位置上，还首次安装并使用了照明设备。现在的日内瓦大喷泉安装于 1951 年。

像埃菲尔铁塔一样，日内瓦大喷泉的设计概念其实并不独特，但作为起源于 19 世纪之前的法国宫廷花园装饰的一种形式，它可以说是最杰出的一个范例。同时，围绕着大喷泉，发生过许许多多的故事。1898 年的一天，奥地利皇后茜茜从喷泉对面的下榻饭店出来乘船游湖时，不幸在岸边遇刺。当游船在经过喷泉时，茜茜两眼望着那四溅的水花，心脏永远停止了跳动。大喷泉也引来无数征服者和挑战者。1997 年，一名跳伞者创造了一项世界纪录，在大喷泉上空成功跳伞，实现了人类第一次将脚踏在喷泉顶上的创举。

图 6-7　日内瓦大喷泉 （来源：作者自摄）

参考来源：董继平，2009

最后是经济作用。人们会问，公共艺术的资金投入之后，它除了让公众在精神上受益之外，在经济上是否是一种单纯的支出呢？回答是否定的。公共艺术的确不产生直接经济效益，但在一些城市，其带来的间接经济效益是明显的。主要是由于公共艺术重塑了城市文脉，引起了大量公众的兴趣。根据美国国家艺术基金会的估计，公共艺术的经费投入可以产出 12 倍的连带经济效益，产生的主要效益有增加旅游收入、服务机会、迁入人群和城市投资等。

成功的公共艺术可以吸引旅游人群，增加旅游收入。以达拉斯市为例，公共艺术吸引了大量的观光者和游客，刺激了当地经济的增长，仅 1990 年的经济贡献就达 4420 万美元。在法国，屈米设计的拉·维莱特公园是巴黎最大的公共绿地（图 6-8），其独特的艺术品设计吸引了来自世界各地的旅行者，促进了当地旅游业的发展。同时，旅游人群的增多势必会给城市带来更多第三产业的服务岗位，提供部分就业机会，解决部分就业问题，这是一种良好的社会互动的开端。

图 6-8 　屈米设计的拉·维莱特公园 　（来源：作者自摄）

　　此外，公共艺术的良性引导会改变城市形象，打造良性和谐的社会氛围，创造舒适的生活居住环境。从长远的角度来看，首先会引起人群的迁入，其次会因为盘活了地块带来更多投资商机。美国西雅图市自从实施了公共艺术政策，城市人口增长迅速，并且年年入围最佳居住城市。

　　3. 传承地域文化

　　文化是民族之根、城市之魂。一个城市没有经济实力，就没有地位；一个城市缺乏文化内涵，就没有品位，没有发展后劲。发展经济与重视文化并举，是一个城市走向成熟、赢得魅力的关键所在。越来越多的新兴小城随着我国的快速城市化进程，在各个领域都发生了翻天覆地的变化，经济建设和社会事业迅猛发展，国际地位和世界影响日益扩大，经济建设、政治建设、文化建设、社会建设都取得了显著的成就，并形成了自己独特的发展文化。但城市如同人一样，需要自身完整的历史发展记忆。以义乌这座商业文化突出的城市为例，实地访谈中我们发现，类似于"鸡毛换糖"这样的艺术品就比较容易得到广大义乌百姓的认同，引发他们对自己所居住城市的认同感和自豪感。

　　案例：作为历史标志的公共艺术——日本东京饭田桥中心广场"时间之树"

　　日本东京饭田桥中心广场是由 EARTHSCAPE 设计的（Iidabashi Plano）。该广场通向住宅区的主要入口处有一块牌匾和一棵标志性的樟脑树，名为"时间之树"。匾上雕刻着 Fujimi Ni-Chome 和东京（江户）的历史和图画。从中央的樟脑树开始，不同分枝向周围扩散，模拟树根向四周延伸，构成一个树形图，主要讲述了古老的信息和新信息。这些信息大部分都追溯了从江户（东京古时的旧称）时期该区域日本武士住宅的历史到现在，大致分为三类："Fujimi Ni-Chome 历史""江户 / 东京历史"和"自然历史"。随着往这树形结构的中心慢慢推移，信息也逐渐变得不同。在该地区历史的根源处，中央的樟脑树向未来无限延展。根源一：富士见町的历史，描述古代武士住宅、该地区的地名变化，以及后来如何成为富士见町。根源二：东京江户时代城区，通过老地图和浮世绘的图案，彼此交织，描述过去的事情。根源三：从江户时代至今，日本人类与自然之间关系的转变。有江户时代的园艺、枫叶图腾和樱花图腾以及现代的樱花。对于这个艺术品，有的人静静观赏，有的人用"踩"亲身体验地图凹凸的真实感（图6-9）。设计师的目标就是要随着时间的推移，在这些故事之间建立联系，让居住于此的人们了解到自己的社会历史，使地域文化得以传承。

图 6-9　东京饭田桥中心广场地雕与行人的体验

资料与图片来源：http://www.landezine.com/

4. 激发空间活力

我国目前快速城市化发展进程下的新兴城市中，公共艺术与公共意识在更广泛的诸如社区等与公众的关系更为密切的公共空间还处于较欠缺的状态，这种缺失会随着公共思想的日渐深化和政策的建立与完善而逐步得到改善与提高。国外城市中有很多公共艺术设计别出心裁，而我国的城市千篇一律并且缺少艺术细胞，原因就在于我国市民参与城市建设的艺术空间极为有限。成功的公共艺术可以激活原本失落的公共空间，让人们思考、聚集、激发公共空间的活力。

案例一：法国"两个平台"

自1951年制定百分之一法案以来，从1964年起特别是20世纪80年代，法国在密特朗的社会主义政权的主导下，实现了对公共美术的集中投资。当时法国的美术界人士致力于实践"让公共美术的扩张取代去美术馆或展览会参观，促进普通大众与美术的近距离接触"这一计划。在这种氛围中，位于巴黎中心区卢浮宫美术馆前的王宫正院内，耸立着丹尼尔·布伦于1985年至1986年设计并完成的场景雕塑"两个平台"（图6-10）。高度渐变的水泥柱阵引发了公众的各种使用方式，从而在古典庭院中创造出一种现代意义十足的休闲气氛。

图6-10 法国公共艺术：两个平台 （来源：作者自摄）

参考来源：王中，2009；戴晓玲、董奇，2014

案例二：伦敦特拉法尔加广场的"第四柱基"

由于"第四柱基"项目，伦敦市中心的特拉法尔加广场西北角的空柱基成为当代艺术在公共空间最受关注的试验场所之一（图6-11）。从1999年马克·沃林格的《瞧！这个人！》开始，不断有世界水平的当代艺术品在上面展现。

这个项目的序幕由英国皇家艺术协会的前任主席利斯女士的建议开启，她建议在这个空柱基上放点什么。这个建议得到了重视，艺术品开始依次被安放在这个柱基上，如比尔的《罔顾历史》、怀特伍德的《纪念碑》、托马斯的《旅馆模型》、马克·奎安的《怀孕的艾莉森·拉帕（Lapper Pregnant）》、修尼巴尔的《玻璃瓶中纳尔逊的船》等。

"第四柱基"项目由于其创新性而引发了广泛的讨论，甚至引起了世界性的关注。它既为艺术品提供了展示的平台，也引发了公众的参与和评论。从艺术在城市空间中的角色，公众参与空间建构的程度，到国家形象的定位等问题，该项目激发了公众的灵感与话题，在很大程度上激活了城市公共空间的活力。

图 6-11　第四柱基上的公共艺术 　（来源：作者自摄）

参考来源：刘向娟，2013

5. 培育本土设计

城市独特的文化是城市获得永续发展的动力源泉。城市的文化并非短暂的虚华之物，它是城市在岁月的跌宕起伏中形成的延绵不绝的文脉符号，是城市的灵魂以及城市特立独行精神的体现。哈佛大学的一项研究报告表明，世界经济正向有深厚文化积淀的城市转移。在同质化的城市竞争中，为谋求城市的可持续发展以及展现城市的品位与涵养，探索城市文化以及凝练城市文化特色已成为未来城市发展的趋势和方向。

公共艺术的产生和发展，内因与外因同样重要，有艺术家的创造，才会有一切公共艺术的诞生。公共艺术的发展除了需要一个能使其生根发芽的土壤外，本地艺术家在公共思想上的觉悟，对公共艺术的推动也具有同样重要的作用。

以义乌市为例，义乌作为全球最大的小商品市场，拥有中国义乌（国际）文化产品交易博览会的平台，拥有自己本土的创意园，创意园堪称义乌设计公司的"鸟巢"，孵化着本土设计师们的设计梦想。拥有创意想法、灵感的设计师们可以在这里展示他们的产品，产品可以是文具、各种各样的手工艺品，甚至是想法。这些产品在这里，将吸引到义乌中小企业主以及老外采购商的眼球，创意园的平台作用不言而喻。

6.1.2　挑战——政策的缺位

通常认为，世界公共艺术政策的发源地为美国。20 世纪 30 年代，美国为了应对经济危机，解决文艺工作者的就业问题，创立公共艺术项目工程；成立绘画和雕塑出纳部；建立公共事业振兴署，并在其下设立联邦艺术项目；制定财政救援艺术项目；雇佣视觉艺术家和雕塑家装饰全国近2000座大楼。这一系列措施被视为现代公共艺术政策的雏形，是1959年费城实行"百分比条例"、成立公共艺术项目办公室、作为"壁画之城"的政策基础。

在中国，1982年被认为是中国公共艺术政策的元年。这一年，中央下达《关于在全国重点城市进行雕塑建设的建议》，批复同意《关于全国城市雕塑规划小组工作安排的请示报告》，于8月正式成立全国城市雕塑规划组，这也成为中国雕塑史上一个里程碑。自1982年以来，城市雕塑的发展在一定程度上得到了政策上的推动。截至2014年，国家层面出台的与公共艺术发展相关的政策如表6-1所示（袁荷、武定宇，2015）。

1982 ~ 2014年涉及公共艺术孕育、发展的国家级层面的相关政策文件　　表6-1

编号	时间	文件名称	制定或颁布部门
1	1982.2	《关于在全国重点城市进行雕塑建设的建议》	中国美术家协会
2	1982.6	《关于全国城市雕塑规划小组工作安排的请示报告》	中国美术家协会
3	1985.11	《关于颁发城市雕塑建设管理条例的通知》	城乡建设环境保护部、文化部、中国美术家协会
4	1986.6	《关于当前城市雕塑建设中几个问题的规定》	城乡建设环境保护部、文化部、中国美术家协会
5	1986.8	颁发"城市雕塑创作设计资格证书"条例、办法	全国城市雕塑规划组
6	1987.8	《关于城市雕塑建设管理工作的几点意见》	中共中央宣传部
7	1990.1	《关于建设由城市规划司主管城市雕塑工作的通知》	建设部
8	1993.9	关于颁发《城市雕塑建设管理办法》的通知（文艺发〔1993〕40号）	文化部、建设部
9	1996.2	《关于严格执行建立纪念设施有关规定的通知》	中共中央办公厅、国务院办
10	2000.6	《关于报请调整全国城市雕塑建设管理机构的函》	建设部
11	2002.7	《关于全国城市雕塑建设管理职能调整的通知》	建设部
12	2006.6	关于印发全国城市雕塑建设指导委员会《关于城市雕塑建设工作的指导意见》的通知	建设部

可以看出，国家级层面依旧缺少与公共艺术定义直接相关的政策，城市雕塑依旧是政策中的重点。在国家级政策中，公共艺术法规的缺位是目前公共艺术发展的一大挑战，总体上仍很难对公共艺术提出一个普适性的要求。这也容易导致城市公共艺术发展因规范性不足而影响城市空间形象的塑造。

而在日后的政策制定中，对公共艺术的定义不应该过于狭窄，这会限制公共艺术的实践类型与形式。本书建议，在公共艺术的政策制定中，应该采取宽泛化的定义，既包括城市雕塑、墙绘壁画、经过专门设计的景观小品、艺术化的公共设施等永久性的公共艺术，也包括临时性的公共艺术。

例如，每年在中国美术学院南山校区展出的落叶雕塑也可以视为一种临时性的公共艺术。这些雕塑由美院的学生利用校园附近季节性的落叶所创作，引来了行人的驻足与拍照互动，受到广泛的欢迎（图 6-12、图 6-13）。临时性的公共艺术也应该在公共艺术的政策定义中被重视。

图 6-12　2014 年曾在美院门口展出的"有话可说"落叶雕塑 ❶

图 6-13　落叶雕塑"行走的人"引来路人拍照留念 ❷

6.2 公共艺术规划原则与内容

公共艺术规划是指"公共艺术在城市公共空间中的系统组织和计划，直接关系到城市的整体格局，涉及城市的历史文脉、发展现状、景观风貌等"（郝卫国、李玉仓，2011）。以城市艺术的整体性为出发点，表达城市各片区的艺术主体与形式，是促进城市公共艺术可持续发展的重要途径。美国西雅图的北门公共艺术规划（Northgate Public Art Plan）提出，公共艺术的规划设计，对于不同的主体而言，应有不同的目标导向。对于艺术家和艺术工作者而言，应该达到提升步行者的体验、提升或创造场所、提升或创造"连接"以及提升或创造识别性四个目的。而对于规划者、管理者和开发商而言，应该实现形式与材料的多样性、内容的多样性、空间区位的多样性，并且促进社区和私人开发项目中的公共艺术开发（Shaw，2005）。公共艺术规划建立在景观规划、城市规划的基础上，融合社会学、艺术学、文化学等多种学科视角，通过艺术创造的方式对城市空间进行美化提质。公共艺术规划的编制应该立足于什么原则，具体应包括哪些层面的内容，规划的策略框架应如何建构，这些正是本节所要探讨的关键所在。

6.2.1 规划原则

城市公共艺术规划的原则要侧重考虑以下五个方面。

第一，高品质、高水平、均衡发展。从我国近30年来雕塑以及公共艺术设计的发展来看，大多数城市的雕塑等公共艺术作品基本上看不到设计的智慧力量，公共艺术品对城市的个性化、文化差异等发展未能做出相应的贡献。虽然有一些优秀的公共艺术设计作品出现，却依然不能改变整体设计水平趋同的步伐。这直接造成了我国城市文化空间形态近年来的趋同和个性缺失的现状。公共文化空间整体形态缺乏生动与特色，公共艺术未能在公共文化认知上形成令人愉悦的节奏，间接造成了我们在城市生活体验中的混乱感知。

因此，更多的高品质、高水平的公共艺术设计作品才是城市公共空间所需要的，同时设计师不仅要在公共艺术作品上投入精力，还要积极关注其在周边区域环境中所承担的公共文化责任。不仅要强调个性和尺度，还要有能够协调并带动周边环境的审美价值，构筑一个均衡发展的环境。

第二，突出城市的空间特色，建立合理的城市公共空间秩序。由于我国的快速城市化，城市建设飞速发展，现有的城市建筑、景观、空间、街道规划设计等在整体上都过于粗放，各种关联与独立细节存在不够精致等规划问题。很多新的公共艺术品，特别是公共空间雕塑，往往在艺术设计语言、材料、尺度、空间占有感上与周边原有的建筑以及空间环境形成反差。这种反差的初衷往往是过于追求艺术形态上的设计与个性，使艺术品的尺度过于膨胀与自我，从而破坏周边整体的环境氛围。这些年，国内各城市都有很多类似的负面典型案例。这种公共艺术（以大型雕塑为代表）并没有通过其自身魅力带动周边整体意境的提升，反而打破了空间的和谐关系，也使自身显得荒诞和突兀。形成这种局面的因素很多，不一定是雕塑本身所致，有的也与城市业态布局的失误或失衡有关。因此，对于一个地区而言，明确对未来整体区域进行规划设计和控制的原则就显得尤为重要。

城市公共艺术规划应根据城市整体发展的需要，基于构建城市整体有序的艺术品次序要求，以及城市交叉复合空间形态的属性来进行。同时优化并重建周边相关的景观环境与建筑语言，在整体上完成城市公共空间的艺术品整合与重建，突出城市的空间特色，凸显合理的城市公共空间秩序。

第三，强调科学的发展观，重视城市的可持续发展。避免用单一的规划原则和行政举措来满足多样的城市发展需求。马泉（2012）在城市总体规划层面也曾客观地提到，由于城市文化发展的多样性和特殊性，编制一套能适用于多种城市类型的通用原则是不科学，且不适于长期多样发展要求的。公共艺术的规划设计，也要伴随着城市规划的发展而发展，伴随着城市文化的成长而成长。信息科技的进步，使当今的城市生活形态大为不同。已有的城市规划经验和学科划分，慢慢变得难以适应当前以及未来的城市发展需求。

已有的知识也不能解决当下城市发展出现的新问题，尤其是城市文化、艺术活动的发展，无法单纯通过规划来解决。同时，城市决策阶层与规划管理者的价值取向，也会间接对城市文化的未来发展带来影响。我国各行业部门和学科划分过于细化，各部门关注的问题也过于独立，局限于传统的学科体系内。反映在城市整体规划上，便是无法联动，只能碎片化地去处理城市规划这个整体性的问题。分头分管等管理和决策机制的不成熟，规划管理上的短视，导致了今天的城市建设始终处于建了又拆的窘迫境遇，影响了公共艺术的健康发展，也伤害了城市文化的形态。

在规划城市公共艺术时，科学地来看，较为理想的做法是，先根据城市整体区域属性的划分，来整体定位公共艺术品的分布与布局。以杭州等大城市为例，每个区块在城市中的发展和定位是不同的，在业态、经济分布、生活形态、发展方向等方面都是有所差异的。以目前高速城市化的现状来看，为缓解主城区域人口集中的矛盾，未来城市将会朝着多中心区建设的方向发展。因此，各个区块在大的发展方向上或许会有一定的差异，但生活形式和文化需求应该大同小异，这也是由城市多中心形态下各个区块保持平衡发展所决定的。公共艺术品的设立和布局也要以城市的可持续性发展为目标。

第四，强调公共艺术的原创性，突出地域文化特色。在城市建设浓厚的商业气息影响下，有些艺术家在进行公共艺术创作时难免会迁就市场的商业交换原则，弱化作品的艺术性，使城市公共艺术脱离自然与人文环境，缺乏地域性和协调性，从而产生了不少城市垃圾。公共艺术规划首先应强调公共艺术的原创性，再根据区块所属的位置和职能性质来确定区块的个性和特征。如城市的历史区块、高新科技区块、商务区块、生活区块等，不同特性的区块也为城市居民带来更丰富多样的空间体验。同时城市内的公共艺术品分布，还要根据区域内业态的布局和文化特点，以及公共空间的位置，进行有针对性地规划实施，突出地域文化特色。

通过有效的规划，才能更好地在空间景观与艺术形态的共同作用下，将公共艺术作为展现区域个性特征的重要标志载体。规划时也要为各区域留足规划发挥的空间，这样才能为未来各个不同区块内公共艺术规划的差异性留下余地，让原创的公共艺术有着更适合发芽生长的土壤。

第五，尊重公众文化权利，鼓励公众自由参与。公共艺术不仅仅是把较大尺度的艺术作品展露于公共开放空间之中，客观上，它还要求艺术作品具有与公众进行对话的可能，以大众化的艺术语言及形态与之沟通。

公共艺术从属于社会价值的范畴。公共艺术的创作必须依靠社会力量的扶持才可以发展，因此公共艺术的规划与创作，不仅要具有美感，能够吸引公众的注意力，同时还应兼顾公众的要求和意愿。近年，我国城市雕塑建设取得了很大的进展，但公共艺术作品从构思到最后选址建成，公众始终难以参与其中，为公共艺术献计献策。公共艺术创作的最终目的是反映大众文化，为生活、工作在特定环境中的公众提供一件良好的艺术作品，为他们创造具有艺术气息的环境氛围。因此，公共艺术本身的繁盛并不是最终的目的。它旨在促进整体社会的繁荣、幸福和人性的自由。明确了这一点，才能激发起公众积极参与公共艺术的规划。与其他艺术创作不同，在公共艺术的创作过程中，艺术家只是配角，不是主角，公共艺术的公众参与度越高越好。规划应该尊重公众文化权利，鼓励公众自由参与。

6.2.2 规划内容

城市公共艺术规划的内容，应该借鉴城市规划体系，分阶段进行编制。主要研究城市的空间形态，分析公共艺术在不同城市区域的特点、空间分布、主题、形式和种类，提出公共艺术与环境相结合的控制要求、公共艺术和人流活动的关系等。从城市的定位、历史传统、现实状况与未来发展出发，提出城市公共艺术设置的重点题材，以体现城市独特的人文历史和自然文化遗产。

城市公共艺术是城市"巨系统"的一部分。所以，城市公共艺术总体布局要遵循系统化的原则。公共艺术规划的总体布局需要与城市总体规划确定的空间资源与序列、城市景观系统和主要城市廊道相印证，通过对城市公共艺术背景环境资源以及城市文化的梳理与分析，拟定既有地方特色又有清晰层级序列的公共艺术布局系统。规划具体内容包括以下几个方面：

第一，政策支撑。在政策层面，为了确保公共艺术的规范化，需要设置相应的制度和法律进行管理与维护。具体可以包括：（1）公共艺术的定义；（2）资金来源；（3）策展人制度和独立艺术家制度；（4）组织实施（作品招标与委托制度等）；（5）艺术品质量的审核与评估；（6）后期维护管理与教育推广等。此外，可以参照《杭州市区城市雕塑建设管理办法》（附录四）编制公共艺术管理办法、公共艺术建设专项资金使用的管理和监督法规等。

第二，现状调研。具体包括：（1）城市发展情况与定位；（2）城市公共空间、园林绿地的调研；（3）主要相关规划，特别是园林绿地规划和重要地段城市设计的现状；（4）现状公共艺术的调研（类型、分布、数量、质量、综合评价）；（5）居民空间认知及对公共艺术评价的调研。

第三，总体规划布局与实施计划。具体包括：（1）从城市整体空间结构出发设置公共艺术的点线面布局结构，对主题、形式、题材等做出建议；（2）与相关规划的衔接，包括城市总体规划、详细规划、城市设计等；（3）按近期、中期、远期确定分期实施计划。

第四，片区空间分析与规划控制引导。具体包括：（1）针对不同片区进行空间模拟分析，并编制控制图则，在确定艺术品的布点、形式和空间尺度等阶段，提供决策依据；（2）重点地段和节点，可以由艺术家与规划师联合编制公共艺术的详细规划设计。

第五，深化公众参与措施。具体包括：（1）以各种措施深化公众参与的程度，如在规划过程、具体项目选择艺术家和作品的程序，保证居民意见的表达；（2）以各种措施发挥非政府组织、当地文化历史精英的主动性。

第六，多部门合作机制。具体包括：（1）多部门管理与协作的现有构架，包括文化、城管、建设、规划、园林等部门；（2）在全生命周期中相关部门各自任务的相互协调、组织保证、实施预案等。

城市公共艺术是城市"巨系统"的一部分。所以，城市公共艺术总体布局要遵循系统化的原则。公共艺术规划的总体布局需要与城市总体规划确定的空间资源与序列、城市景观系统和主要城市廊道相印证，通过对城市公共艺术背景环境资源以及城市文化的梳理与分析，拟定出具有地方特色又有清晰层级序列的公共艺术系统布局。规划中公共艺术品的空间布局原则具体包括以下几个方面：（1）公共艺术规划的总体布局需要和城市功能结构、空间序列以及城市总体规划确定的空间资源、景观系统相吻合，使公共艺术作品利用已确定的空间资源与城市景观系统，拟定公共艺术的空间层次与序列，并在此基础上形成公共艺术景观系统。（2）公共艺术规划的总体布局需要紧密结合城市主要节点、景观轴线、绿色通道以及历史保护街区等重要区域，形成公共艺术主要轴线与观赏廊道，并分出层次与序列。（3）公共艺术规划的总体布局无论是在功能还是形式上都要以满足居民生活、娱乐以及交流的需要，紧密结合城市空间特征，营造宜人的、受民众喜爱的空间艺术环境。

城市公共艺术规划的总体布局除了满足以上各项要求之外，还必须依照系统规划的原则，通过对城市公共艺术背景资料的分析，提出城市公共艺术发展的整体空间布局和系统性的空间布局序列。从对公共艺术作品的体量、色彩以及表现形式等要素的分析上，提出控制性的原则与措施。根据城市历史文化与城市环境特点，确定规划主题与风格，做到既有规划与控制，又尊重艺术创作规律，为艺术创作者留有足够的创作空间，使公共艺术作品的规划与设计成为城市个性与特色的载体，传承城市的历史与文化，展现城市的精神与气质。

案例：海河历史文化街区公共艺术总体规划

总体规划的三级体系

规划将7.5km河段分为两个层次，即海河景观带公共艺术核心控制区、海河景观带公共艺术缓冲区，其他城区内的海河河段作为海河景观带公共艺术的散点布局区，形成了海河景观带公共艺术规划建设的三级体系：核心区——缓冲区——散点区。

（1）海河公共艺术核心区

核心区（图6-14）是公共艺术的集中展示区，由狮子林桥——赤峰桥段，途径狮子林桥、金汤桥、进步桥、北安桥、大沽桥、解放桥、赤峰桥，主要节点有古文化街、金汤桥、奥式商务公园、奥式音乐公园、海河中心广场、津塔津门、世纪钟广场、天津火车站前广场、津湾广场等。这一区域是海河历史文化街区的核心区、天津城市对外形象的核心展示区、天津重要交通枢纽的节点区，成为天津展示城市形象与城市魅力的重要区域。

（2）海河公共艺术缓冲区

缓冲区（图6-14）主要是指海河历史文化街区，涉及永乐桥——狮子林桥段，以及赤峰桥——刘庄桥段。这一段在海河历史文化街区保护区内，应该是核心区的重要延伸，同样体现了天津城市的历史文化及城市的风貌。就公共艺术的建设而言，这两段区域是核心区公共艺术的扩展与补充，将大量在核心区放置不下的公共艺术放置到这两段缓冲区内，丰富海河景观带的公共艺术展示效果与海河景观带的展示信息。

（3）海河公共艺术散点区

除核心区和缓冲区之外的海河两岸是海河景观带公共艺术的散点布局区，这一部分区域的公共艺术建设也根据相关的河段及两岸的街区特点进行有针对性的公共艺术设置。

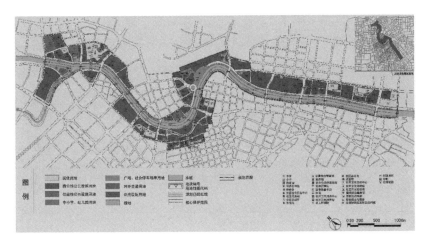

图6-14　海河公共艺术的核心区与缓冲区

参考来源：尚金凯、张小开，2015

6.2.3　策略框架

为了突出我国城市文化特色，以公共艺术在快速城市化进程中的建设营造城市公共空间文化景观建设，完善城市空间功能，带动城市经济发展，构建充满活力的和谐社会，突出城市文化，我们提出了我国快速城市化进程下公共艺术发展的三大目标：提升城市软实力、反映时代精神、融入日常生活。

为实现此目标，基于目前的规划机制与前文研究的基础，本研究提出了城市公共艺术发展建设策略框架（图6-15）。该框架纵向参与主体由政府、公众和艺术家组成，横向基础研究轴为艺术品生命周期轴（即艺术品的前期规划——中期实施——后期管理）。总体框架显示每个主体在公共艺术建设周期中需要履行的义务和可享受的权利。依照策略执行的阶段顺序，6.4 ~ 6.5节将具体阐述公共艺术的规划策略。

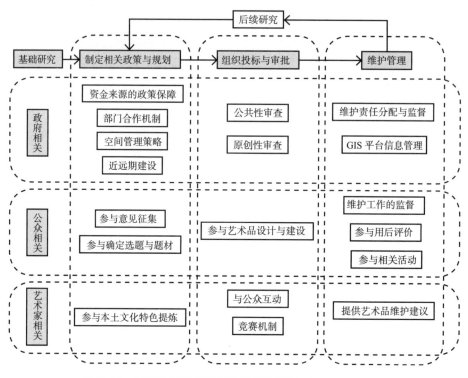

图6-15 城市公共艺术发展建设策略框架 （来源：作者自绘）

6.3 前期行动纲领

公共艺术规划前期行动纲领主要包括资金来源的保障、部门合作机制、空间管理策略、近中远期建设、主题征集与选择、前期公众参与以及艺术家参与本土文化特色的提炼等（图6-16）。

6.3.1 资金来源保障

目前，我国大部分城市公共艺术经费来源分为完全由公共资金供给、完全由私有资金供给以及公共与私有经费的混合。具体包括公共艺术百分比计划、市政府专项拨款、设立公共艺术基金以及设立捐赠制度等。

第一，公共艺术百分比计划。通过"公共艺术百分比计划"，明确规定在城市规划区范围内，公共建筑、重要临街项目、居住小区等建设，必须从其建设投资总额中提取1%的资金，用于城市公益性、开放性、多样性的城市公共艺术建设。

公共艺术的建设被越来越多的城市纳入城市发展的计划中。1992年台湾地区"文化艺术奖助条例"通过，到1998年"文化建设委员会"（现为"文化部"）公布"公共艺术设置办法"，公共艺术正式成为台湾地区推动艺文政策的重

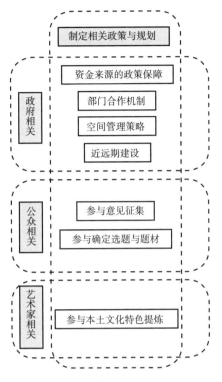

图 6-16　前期行动纲领 （来源：作者自绘）

点项目。在台湾地区，为了保证公共艺术项目的公平、公正和鼓励自由创作的原则，采取了二级评审制。要求应征的艺术家先提交提案，说明创作理念、公众参与的方式、作品的形式、预算与管理计划，再上报政府设立的审议委员会审议 ❶。周雅菁将台湾公共艺术的发展分为三个阶段：1930 ~ 1991 年为第一个阶段，各机构、参与者都在做一些探索与推动的工作；1992 ~ 1997 年为第二个阶段，此为公共艺术法令规划期；1998 年至今为第三个阶段，为公共艺术法令迈向制度化发展阶段。在公共艺术的发展过程中，政府对公共艺术的两个法令不断进行修正。其中，《文化艺术奖助条例》做了两次修正，《公共艺术设置办法》做了四次修正（最新修订版本参见附录五）。经历了 15 年，台湾才从"艺术品"设置走向"公共艺术"设置，对公共艺术"公共性""环境融合"等精神有了深入的理解（周娴，2016）。

　　浙江省台州市于 2005 年底以政府行文的方式出台并尝试实施"百分之一公共文化计划"，明确规定在项目建设投资总额中提取百分之一的资金用于公共文化设施建设，所建设的公共文化设施必须是能使公众享受或者参与的场所或者项目，成为全国最早推行百分比公共艺术政策的城市（附录六）。在此基础上，2009 年台州市进一步明确了该计划执行的范围：所有政府性建筑

❶　参考来源：http://news.iqilu.com/shandong/kejiaoshehui/20151222/2641524.shtml

工程、城市主干道临街建设项目、占地 5hm² 以上的工业项目、用地面积在 1 万 m² 以上的公共建筑、居住小区、其他总投资 2000 万元以上的非公共设施项目。通过这些年的实践，"百分之一公共文化计划"已初具成效。可以说，台州市在公共艺术的理论探索、制度建设以及项目建设等方面扮演了国内同等城市先行者的角色。

案例：美国部分城市的百分比计划

城市	百分比计划	来源
费城	1959 年，费城成为美国第一个通过百分比艺术条例的城市（已有 50 多年的历史），要求不少于 1% 的建筑预算拨给艺术，这个条例允许宽泛地定义艺术，除雕塑与壁画外，艺术也包括一系列附属设施，如地基、墙面质感、马赛克、水池、柱子、栏杆、座椅、地面图案等。它的发起者——再开发部主席莫斯契茨科（Michael von Moschzisker）认为，这个计划赋予公共空间以个性化标识，百分比艺术规定既不是给艺术家的特殊利益，也不是给现代艺术的补助，而是用于强化费城市区个性的符合公共利益的项目	王中，2009
西雅图	西雅图是美国采纳艺术百分比条例的第一批城市。1973 年，它启动了百分比条例，规定符合条件的城市公共投资建设项目中，应取出 1% 的经费用于在不同场所中委托制作、购买、安装艺术品。规划使用百分之一的艺术资金，把艺术和城市基础设施结合起来。30 年来，该市的公共艺术计划将艺术家们的构思和作品整合到多种多样的公共场所中，帮助西雅图得到了富有创造性的文化之都的声誉。公共艺术计划使市民能在公园、图书馆、社区中心、街道、桥梁和其他公共场所与艺术"偶遇"，从而极大地丰富了市民的日常生活，并使艺术家们发出自己的声音	西雅图文化和艺术事务办公室网站：http://www.seattle.gov/arts/publicart/default.asp
克利尔沃特	2005 年 10 月，克利尔沃特城市委员会通过了第 7489-05 号法令（Ordinance NO. 7489-05），建立公共艺术和设计项目。该法令要求大于或等于 50 万美元的符合条件的城市资本改善项目（City capital improvement projects）以及总工值达到五百万美元以上的私人开发项目必须参与到公共艺术计划中。城市资本改善项目必须为在地的公共艺术分配百分之一的建设费用。私人开发商必须为在地的艺术贡献同样的金额，或者把 0.75% 的建设经费贡献给城市公共艺术和设计基金，以 20 万美元封顶	City of Clearwater，2007

第二，设立公共艺术基金。如果开发商对艺术方案或艺术设施都缺乏兴趣，则 1% 的费用可悉数捐给公共艺术基金，由城市公共艺术委员会统筹运用。此方法的优点是让开发商减除繁重的作业，将资金纳入公共艺术基金，由有经验的人员来执行。

第三，市政府专项拨款。由政府进行专项拨款，以政府令或其他形式确定城市公共艺术建设资金的额度，每年从财政资金中安排一定比例的专项资金用于城市公共艺术建设。

第四，引入市场机制，鼓励民间资本参与。根据不同城市的发展情况，尝试引入市场机制，可以鼓励私人企业和民间组织注资参与公共艺术的建设，实现资金的多渠道来源。国外公共艺术建设的公私合营很常见。以纽约市为例，目前，政府正在探讨并实践新的支持公共文化与艺术的运作模式。例如，通过公私部门合营（Private-Public Partnerships）的投融资方式促进创意艺术家、商业和非营利机构的发展，促进城市文化机构中更多的公私合营运作机制（吕拉昌、黄茹，2013）。德国汉诺威的公车站计划正是由乐透彩券赞助，车亭分别由不同的企业捐款建成，是企业参与公共艺术建设的成功案例（杨奇瑞、王来阳，2014）。

6.3.2　部门合作机制

目前，我国的公共艺术按主导部门可分为四类：政府主导的公共艺术（主要为艺术发展局及其下部的艺术推广办事处，另有许多部门参与艺术计划）；地区组织主导（由基层社区策划）；商业主导（偏重于提升私人机构的形象和促进消费）；民间主导（艺术家或民间团体的尝试）。国内公共艺术规划的约束力和指导性还不够，甚至被认为是概念规划。从规划的参与和实施主体看，规划部门、文化部门、艺术家、公众等在不同规划内容和层次上应扮演不同角色。具体的合作机制有以下两种。

第一，职能部门之间的合作。由于公共艺术的运作方和资金来源渠道的多元化，公共艺术的政策由上至下推行，由国家到各地区，不可避免地需要进行多部门、跨部门、跨行业的协作。在国家层面，1993 年文化部、建设部发布的"城市雕塑建设管理办法"提出，文化部和建设部主管全国的城市雕塑工作。各省、自治区、直辖市文化厅（局）和建设厅（局、委）主管本地区城市雕塑工作。文化主管部门负责城市雕塑的文艺方针、艺术质量的指导和监督；建设主管部门负责城市雕塑的规划、建设和管理。国家设城市雕塑建设指导委员会（简称城雕委）协助主管部门具体管理和协调全国城市雕塑工作。城雕委下设办公室和艺术委员会。2001 年 11 月 2 日，中编办在《关于城市雕塑建设管理职能调整的批复》（中央编办复字〔2001〕150 号）中指出，原由文化部和建设部共同承担的城市雕塑建设管理指导职能改由建设部承担，城乡规划司具体负责全国城市雕塑建设管理指导工作。虽然 1993 年颁布的《城市雕塑建设管理办法》已经被视为过时的法规（吴为山，2011），但是从中仍然可以体现职能部门之间合作的重要性。

在地方层面，以杭州市为例，杭州市城市雕塑建设指导委员会（以下简称指导委员会）负责指导和协调城市雕塑的规划、建设、管理工作。指导委员会下设办公室和艺术委员会，办公室设在市规划局，负责城市雕塑的综合协调工作，艺术委员会具体负责城市雕塑建设和管理的技术指导工作，在此基础上，发改、建设、财政、园林、城管等主管部门按照各自职责，协助做好城市雕塑建设、管理工作（图 6-17）。在国外，公共艺术规划也涵盖了诸多部门。以亚特兰大为例，公共艺术总体规划中参与的政府机构就包括规划局、公园局、经济局、房地产局、合同制定、工程管理、城市设计委员会等。而西雅图的北门公共艺术规划也同样要求进行不同团体之间的协调与合作，包括政府、社区、私人业主等（Shaw，2005）。

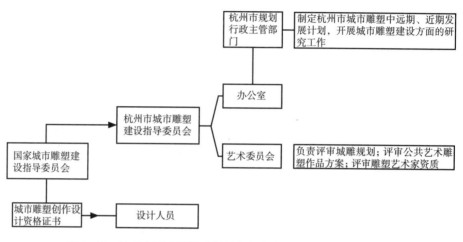

图 6-17　杭州市城市雕塑建设的部门合作机制　（来源：作者自绘）

从城市管理的角度而言，为了规范城市公共艺术建设，建议各城市尽快建立城市"百分之一公共文化计划"建设指导委员会（以下简称指导委）和城市"百分之一公共文化计划"艺术委员会（以下简称艺委会）。指导委由市委、市政府分管领导和市委办、市府办、市委宣传部、市发改委、市财政局、市建设规划局等相关部门的主要负责人组成，负责决策重大公共文化项目的建设、指导协调公共文化交流活动、制定公共文化项目档案管理制度等相关规定。指导委下设办公室，办公室由指导委成员单位有关人员组成，负责公共文化项目建设的组织实施、"百分之一公共文化计划"专项资金的监管及具体的协调管理等工作。艺委会由有关艺术家、艺术评论家和市内文化、建筑、规划、园林等专业技术人员组成，负责公共文化项目的评估，参与公共文化内容与质量的把关，对重大公共文化项目提供决策资讯等。以台湾地区为例，台湾地区每个市县都已经设立文化委员会与公共艺术委员会两个部门。公共艺术委员会不仅要提供咨询与资讯，而且要在公共艺术建设过程中做出审议工作。在海选公共艺术设计图后，委员会为初步入选的创作者提供基本的模型制作费，同时征求地区公众的公共艺术诉求。最终入选的作品提供给委员会后，相关现设机构的负责人需向委员会陈述，由委员会最后决定入选作品并提供修改意见，最后再对作品进行公示。

此外，还有一种合作目前也广泛存在，即政府职能部门与艺术高校的协同合作。把高等学府中艺术创作真实质朴的纯粹感觉与城市环境恰当融合，不仅将有助于城市公共雕塑的发展，同时更能给城市带来年轻活力的感觉。例如2007年，在"新北京，新奥运"的推动下，新的城市轨道交通规划被提上议程并且实施，北京轨道交通建设管理公司对奥运专线、机场快轨重新征集方案，在两条线站内设计方案竞标中，中央美术学院的团队中标。团队以"空间艺术化"为设计主题，强调在有限的土建空间基础之上，最大化地设计出艺术化的空间感受与视觉体验（邵晓峰，2009）。在方案确定之后，中央美院与合作建筑设计院、施工方、材料提供商以及生产厂家建立了密切而良好的合作关系，不仅解决了诸多技术上的难题，确保设计方案深化过程始终没有偏离"空间艺术化，艺术空间化"的定位。更重要的是合作方深刻地理解了设计团队的设计理念，为方案的实现打下了基础。与施工方良好的合作在最大限度上保证了设计概念的完整呈现。

案例一：西雅图公共艺术规划

在西雅图公共艺术规划的第五大街北门大道大型构筑物和人行天桥项目中，规划建议，在北门大道人行天桥或其他构筑物的规划和设计初期，就要在设计团队中增加一名艺术家。这名艺术家应该在设计中对结构的形式、尺度、形状、色彩、灯光、声音品质以及其他特质产生影响力，把这些结构作为艺术而不是标准工程要素进行设计。规划管理部门应该对该艺术品的设计提供结构和交通工程方面的支持。而项目的经费则来源于西雅图交通部（The Seattle Department of Transportation）。该项目涉及的主体涵盖了规划师、艺术家、相关的规划管理部门以及交通部门等。

参考来源：Shaw，2005

第二，与公众之间的合作。由于公共艺术与艺术家单纯的个人作品展示不同，它是属于公众的，大众拥有对公共空间的使用权。要有一整套合理的程序，不能独断专行，使公共空间遭到扭曲与破坏，否则必然会遭到公众的不满与抵制，因此，需要大众参与公共艺术的决策。通常由选出的社区代表参与，同时也要尊重公共艺术作者的权益，强调艺术家在与当地居民团体合作中所能发挥的积极作用。

从参与的形式而言，许多公共艺术作品完全可以不拘泥于"现场动手"或"公听会"的参与样板，从而延伸对"参与"的解释。例如，以城市或小区书写为媒介，广泛号召市民说故事、写故事，艺术家成为故事采集者及再现者，借艺术的形式诠释城市生活的记忆与历史。从许多小区壁画及公交车亭的公共艺术案例中都可看出"故事的力量"，这些故事并非伟大人物的传奇历史，有些只是日常生活细节与不同族群的城市心事，但在艺术的转化下，呈现一种集体性的新生命，继而引发小区居民的新认同。

在义乌市的案例调查中，有 76.27% 的被调查者表示愿意为义乌市公共艺术建设出谋划策，有 27.73% 的被调查者认为新建艺术品应重点考虑建在社区，有过半的被调查者认为对新建艺术品的意见征集应在艺术品周边小范围内采集比较合理。基于以上调查结论和国内外的经验，作者认为与公众合作的重点可以从社区抓起，公众通过社区相关渠道充分认识公共艺术的概念及政策，艺术家可以与社区合作常驻社区，让公众变被动为主动，参与公共艺术设置的整个过程。此间公众可以与艺术家共同进行讨论、学习或创作，达到文化资源的公平分配。以亚特兰大为例，自 1999 年起，在亚特兰大的社区群众参与的一项夏季壁画计划中（City of Atlanta，2001），把艺术家和夏令营的青少年组织在一起，共同合作绘画壁画，之后将这些壁画布置到了整个社区中。调查表明，社区把公共艺术视为对青少年问题和城市病（urban blight）问题改善的一种有效手段。

案例二：巴西贫民区小巷的街头艺术

在巴西圣保罗的贫民区改造案例中，设计师团体（Boa Mistura）在巴西圣保罗 Brasilandia 贫民区中选择了六条小巷，用不同色彩的艳丽涂料将整个墙体粉刷一新，并将葡萄牙语的"爱""骄傲""美丽""力量""甜蜜"等词语涂在墙上，利用错觉的效果，形成了不断变化并极富乐趣的贫民区景观。设计师还带动当地的居民参与到改造的过程中，居民们自己动手改造自己生活的环境，建立了社区中每一个人与社区的关系，不仅改善了社区的物质空间环境，也为社区营造了一种人与人之间的亲密关系。微小设计改变了社区的面貌，也激发了社区的活力（图 6-18）。

图 6-18 巴西圣保罗贫民区和设计师共同改造社区

资料与图片来源：新华网（http://news.xinhuanet.com/world/2012-03/07/c_122801265.htm）

案例三：费城壁画艺术项目

费城是美国历史名城，曾是美国的首都，也曾是重化工业发达的城市，是美国东海岸的主要炼油中心和钢铁、造船基地，被称为"美国的鲁尔"。但随着岁月的流逝与工业的发展，费城的重要性逐渐下降，人们的犯罪率逐年增高。

1984年，时任费城市长的威尔逊成立了"费城反涂鸦组织"。在反涂鸦运动中，涂鸦艺术者们的创造力与想象力反而引起了政府的关注。1996年，费城市政府将反涂鸦组织重组为壁画艺术项目部，聘请专业的艺术家，并组织社区民众和劳改犯一起参与到美化城市环境的运动中去。

壁画艺术项目在增进邻里间的感情、提高人们的艺术素养、增强人们对美和生活的追求、减少犯罪率、增加就业等方面都起到了积极的作用。项目的操作流程是首先向政府和社会募集资金；然后设计问卷，向社区民众征求意见；再请艺术家和心理学家设计壁画方案和图纸，并在墙面上画好轮廓；最后请社区民众和劳改犯填充颜色。壁画创作完成后，会有专人维护。项目负责人表示，自壁画艺术项目开展以来，费城的犯罪率明显降低。30年来，壁画艺术项目通过共同创作将艺术家和社区紧密联系起来，在扎根壁画创作传统的同时，创作出了转变公共空间和个人生活轨迹的艺术作品。

据统计，项目部每年在社区有50～100个壁画和公共艺术项目，还针对青少年设计了专门的艺术教育项目，并且通过项目给超过1000人次的青少年和成年人提供了独一无二的学习机会。这些室外作品（图6-19）已经成为费城公共景观的一部分，也是市民自豪感和灵感的源泉。壁画项目让费城成为了国际公认的"壁画之城"。

图6-19　费城城市壁画作品

资料及图片来源：中国文联文艺研修院校友网（http://www.alac.org.cn/）

6.3.3　空间管理策略

从规划的角度看，公共艺术的空间管理策略主要分为分级别控制、分区域控制与分要素控制。

1. 分级别控制

城市公共艺术品管理不力的另一个极端就是过度控制、影响艺术家创作和公众的发言。公共艺术规划控制的内容一直是一个备受争议的话题。某些规划表面上看似乎是做了很多的安排，但是实际操作中却困难重重。因此，倡导弹性化的管理，对不同艺术品实施分级别控制，既可以保证整体质量，又给艺术家和公众更多的发挥空间，强化艺术品的公共性（表6-2）。

城市公共艺术品分级别控制管理表   表6-2

步骤	一般艺术品	重点艺术品
界定	城市重要艺术品以外的其他艺术品	（1）位于城市主要高速公路入城口、火车站、机场、长途汽车客运中心站等重大交通枢纽、城市中心的市级公园、市级广场、行政、商业中心、城市江滨绿化带、对外交通干道、城市重要景观道路两侧等城市重要区域的公共艺术品； （2）涉及重大事件或重要人物等重大题材的城市公共艺术品； （3）占用较大空间和用地，高度达到2m（含）以上或宽度达到3m（含）以上的城市公共艺术品； （4）市规划主管部门认定的城市重要公共艺术品
设计管理	不限定	设计与制作可实行一体化招标投标
设计资质	不限定	雕塑制作需持有国家城市雕塑建设指导委员会审核颁发的《城市雕塑创作设计资格证书》（附录七）
民意征集	对公共艺术设置区域内小范围的民众进行采访调查	由市公共艺术委员会和由市民志愿者组成的责任委员会共同合作，广泛征集意见，对包括当地政府官员、艺术家、艺术和文化机构成员、居民等五类人群进行调查，尽可能多的让市民出谋划策
设计审查	应向市规划主管部门申请设计方案审查	应向市规划主管部门申请设计方案审查
制作过程	要求有铭牌注明艺术品名称，设计、制作人名，制作材料和制作日期	要求有铭牌注明艺术品名称，设计、制作人名，制作材料和制作日期
施工与安装	设计、承建单位应对其设计、建设艺术品的制作和施工全过程负责	重要艺术品施工过程中需对设计方案作重大变动的，应事先征得市规划主管部门的同意； 设计、承建单位应对其设计、建设艺术品的制作和施工全过程负责
备案	（1）安装完成后要求进行网上公示，如有涉及侵权民众可举报； （2）建设单位应当将艺术品的有关平面定位资料、照片、说明及电子文档等报市规划主管部门备案	（1）重要公共艺术品建成后，建设单位应向市规划主管部门申请规划核实； （2）安装完成后要求进行网上公示，如有涉及侵权民众可举报； （3）建设单位应当将艺术品的有关平面定位资料、照片、说明及电子文档等报市规划主管部门备案

2. 分区域控制

艺术品的形体语言与其周围空间环境有着直接的联系，所以其选题与设计必须结合所在空间环境的特点，根据不同的空间布局进行有针对性地设计。针对不同城市的城市格局，公共艺术具体的空间布局策略主要体现在以下五个方面：

第一，城市社区公共艺术建设策略。社区可以把人们聚集在一起，探讨和交流特定的文化。通过社区公共艺术的发展，可以让一件艺术品在从构思到创作的过程中，帮助参与到其中的人们打破隔离、培育社区凝聚力，特别是对一些需要特别关注的群体，如老年人、儿童、残疾人、妇女、举目无亲的外籍人士，通过这样的社区艺术活动可以让人们在感受重获新生的街道和活泼开放的公共空间的同时，或得到启迪和学习，或得到理解和抚慰。2011年4月，由《公共艺术》期刊编辑部主办的"让'公共艺术'唤醒社区凝聚力主题对话"活动就探讨了如何通过"公共艺术"的形式，唤醒并激发新的城市社区文化（附录八）（维君、陈才，2011）。

本研究对社区公共艺术的建设提出几个可以重点考虑的切入点：（1）生活化、趣味性强的主题艺术；（2）公共艺术设施化；（3）与建筑相结合的公共艺术；（4）合作类、互动型的公共艺术；（5）为儿童和老人等特殊群体设计的公共艺术（图6-20）。

图 6-20　德国社区中艺术化的儿童玩乐设施　（来源：作者自摄）

第二，公园绿地公共艺术建设策略。城市公园是城市中最具有自然性的空间环境类型，要充分结合公园的性质来进行设计。由于公园的空间相对开阔，艺术品布局应根据公园的不同功能分区，采用单点型、聚合型等布置方式。

在艺术手法上应偏重于装饰性、趣味性和娱乐性，注重游人的参与性。艺术品应选择一些较轻松的题材，如民俗、环保创意（图6-21、图6-22）、体育舞蹈、儿童活动等，其艺术处理偏重于趣味性和装饰性。除了一些纪念性的区域外，园内艺术品一般不宜过于庄重肃穆。公园或景区的空间相对开阔，可单独布置，也可成组配置，有的艺术品可以把人的活动作为一个重点考虑要素。注重人的参与性，让人的参与同艺术品融为一体，从而激活空间的艺术氛围。

图 6-21　德国吕贝克住宅社区中体现环保创意的公共艺术品　（来源：作者自摄）

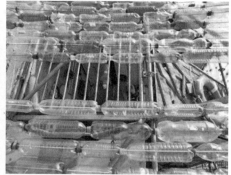

图 6-22　维也纳美术馆前广场中用塑料饮料瓶制作的公共艺术品　（来源：作者自摄）

城市的道路是感知城市形象的重要构成要素之一。在城市街道的绿化带或街头旁的绿地等道路节点，可设置装饰性、功能性（艺术化的公共设施，图6-23）或主题性的公共艺术品，让街道行人形成趣味性、连续性的城市街道景观印象，有效地改善城市环境形象和文化面貌。在尺度上应根据不同空间环境的大小来确定艺术品的尺度。在色彩方面要以鲜明的色彩为主，以达到吸引行人的目的，尽可能地给行人留下深刻的印象。在造型上要依据不同的观赏方式，以造型简洁、体量感强的抽象型为主。

图 6-23　东欧街头艺术化的公共座椅　（来源：作者自摄）

以防护功能为主，兼顾游憩功能的防护绿地以其特殊的形式和较大的服务半径，正在成为许多小城市的景观廊道和游憩绿地。由于防护绿地可能不可进入，因此，公共艺术的设置应结合具体情况进行考虑，选择以装饰和观赏为主的艺术品，绿化、灯具和其他公共设施也是防护绿地的重点设计对象。

江滨绿廊等通常分布于城市境内重点水系两岸，占地面积广阔，辐射经过的地域长远，是城市重要的景观风貌及自然生态廊道。我国城市滨水绿地现状通常已建成滨湖休闲公园，并散落分布以民俗、趣味装饰、抽象为题材的雕塑若干。基于此现状，新置艺术品应充分体现滨江区域的特点，以水、景观元素为特色，彰显区域的魅力。可考虑建设雕塑艺术公园，以其独特的艺术形式在城市环境建设中发挥重要的作用。

第三，交通空间公共艺术建设策略。通过型道路主要为城市的过境路，如贯通城市的快速路和机场高速。在这类通过型的道路中，人们是在快速移动中感受物体，沿路带状景观瞬间一逝而过。根据人的视觉感受特征，只有这种物体不断重复，才能给人产生印象。所以沿路的艺术品设置应注重序列感，轻细节重整体感，可以结合道路两侧的防护和引导设施、绿化、广告等进行设计。

交通型道路是感知城市意象的构成要素之一。在城市主要道路沿线布置公共艺术品能够有效改善城市的文化面貌和环境形象。沿街的街道家具、小品、雕塑甚至壁画、绿化和公共设施都可以成为公共艺术的负载形式。

景观型道路主要指滨水绿道和毗邻景区的道路，如果能加强景观和艺术之间的联系，不仅可以增加地方居民的娱乐性，而且可以在促进城市旅游业和娱乐业的发展上起到重要的作用。这类道路的公共艺术题材设置应崇尚自然、追求自然、力求人与自然的高度融合，同时注意负载类型的多样化。可以整条道路设定一个主题，如沿绿道设置体育主题的公共艺术，容易给市民留下深刻印象。

城市出入口是游客对城市形成第一印象的重要空间。城市出入口的设置应以标志性艺术品为主，作品的尺度应根据所在的空间环境大小来确定。作为城市门户处的公共艺术展示，要适于动态方式观赏。作品力求简洁明快、轮廓清晰、形态鲜明，不宜于细部着重刻画，要形成节点标识，这样才能同所在的空间环境产生和谐的氛围。

交通站场属于城市门户地区，也是城市人流集中的重要节点。传统的艺术品设置以在站前广场独立的地块中设置雕塑为主，尺度大，突出其标志性。随着公共设施艺术化的发展，公共艺术渗入了交通站场的每个细节，可以结合服务设施进行设计。

第四，商贸空间公共艺术建设策略。购物市场是商贸类城市人群的汇集点，"因井设市"这句古语形象地说明商市的起因和活动特征。过去因招来小商小贩，唱戏、小卖、小吃的逐渐增多而形成市场，由此起屋造房逐渐固定，现在反而把原来市井的多元文化淡化了。市场不是只具有商业购物这个单一的功能，事实上，它是文化娱乐、购物、游览、宗教、饮食等多元内容的集合。一个商市应避免过度专业化，它应该是综合各种活动的场所。迄今有很多市场除去购物活动之外，往往很少注意到人们活动选择的多样性，把该有的绿地、文化交流设施等弃之不顾，这势必导致人们活动的低效单一和疲惫。应该把市场作为一个有特色和活力的重点空间进行营造，艺术品可选择市井气息、生活气息浓厚的题材，或者以民俗传说和重义轻利等为背景的老百姓最喜闻乐见的商业文化题材，此外还应注重街道、广场、绿化、小品、广告、标识物的艺术化设计。

商业空间是公共空间中最为常见的类型之一，也是与市民生活息息相关的空间类型之一。商业空间不仅是物质交换的场所，也是市民休闲娱乐的场所。现代商业空间的公共艺术设计可利用建筑表皮、广告和装置艺术、灯光、室内庭院等艺术手法进行营造。此外，由于商业空间主要以步行为主，还可以重点考虑一些体验式和互动式的公共艺术形式。

第五，大型公共空间公共艺术建设策略。文化基础设施的建设是提升城市文化品位的重要标志。一般来说，一个城市应该具有可以给人的身心带来愉悦感受的基础性、标志性的文化设施，使人们在城市中能深深地感受到其文化气息和韵味。体育馆、博物馆、图书馆等城市大型公共建筑人流集中，是艺术品发挥感染力的地方。艺术品的设计要结合公共建筑的功能综合考虑，一般以公益性、纪念性、趣味性和地标性的内容为主。此外，公共建筑本身也是一个公共艺术可以重点发挥创作的点，艺术品还可以与广场上的绿化、喷泉、硬地等环境要素结合布置。

城市广场是城市中最具有人气的开放性公共空间，根据不同功能类型的广场，在主题上的选择要与所在区域的历史和文化内涵相对应。大型公共活动场地中的艺术品应以纪念性或标志性为主，艺术品要与广场上的硬地、绿化、喷泉等空间环境的界面要素充分结合，增强广场的整体景观效果和文化氛围。在尺度上应充分考虑广场与周围建筑的尺度关系，以确保在不同的角度都能获得最佳的视觉效果。

案例：海河历史文化街区公共艺术总体规划

海河历史文化街区核心区由狮子林桥至赤峰桥，长约 3km，是天津市海河历史文化街区最为核心的部分，既有天津站交通枢纽，又有意大利风情街、原奥地利租界区，天津市古文化街，还有津门津塔、津湾广场等。囊括了天津市的各类文化形态，如天津市的漕运文化、中式文化、租借文化以及现代都市文化形态，是天津城市文化基因的集中展现。而且该区域目前的公共艺术建设还处于零星建设阶段，还没有形成统一的规划建设思路，亟须有一个体现城市文化、城市精神、城市品牌形象的整体规划建设思路。根据海河历史文化街区景观带公共艺术建设核心区的特点，核心区公共艺术建设应该形成四区、九点、两带的布局特点（图 6-24）。

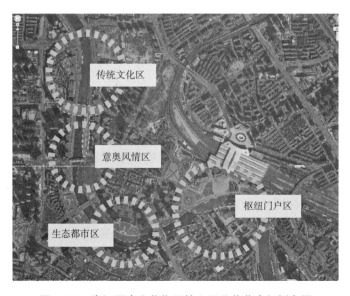

图 6-24　海河历史文化街区核心区公共艺术规划布局

（1）四区

主要有古文化街周边形成的传统文化区、意奥风情区、海河中心广场及周边形成的海河风貌与现代都市区，站前广场、世纪钟广场及津湾广场等形成的枢纽门户区。

传统文化区：主要是狮子林桥——金汤桥段，目前该区内有天津市古文化街、天后宫、李叔同故居等体现天津乃至中国的传统文化代表，是天津市传统文化的聚集区。因此，该区的公共艺术规划建设应该以配合和营造中国传统文化氛围为主，形成核心区内传统文化的集聚效应，让民众感受到天津市传统文化的味道，体现天津市传统文化的特点与特色。

意奥风情区：主要是金汤桥——进步桥——北安桥段，该段是原意大利租借、奥匈帝国租借，建筑风貌以体现意式、奥式风格为主体，目前保护利用的非常完整。该段主要体现的是外来文化在天津的影响，外来文化氛围浓厚。因此，公共艺术组团可以配合现有的城市景观，体现外来文化的内涵，以及在天津市的发展和变化。让人们感受到天津中西合璧的城市文化氛围。

生态都市区：主要是北安桥——大沽桥段，该段内的主要景观有海河中心广场公园、津门津塔等。海河中心广场公园体现了天津城市的自然、生态环境，津门津塔则又体现了天津市的现代化都市形象。因此，这一段的公共艺术规划应以体现天津市的生态文化和现代都市文化为主，展现出天津市既现代化又宜居生态的城市形象和文化。

枢纽门户区：该区主要是大沽桥——解放桥——赤峰桥段，该段内有天津火车站、世纪钟广场、津湾广场等景观，是天津市的交通门户区。该区既然是天津市的门户区，应该展现天津市的整体风貌和城市文化，因此，体现天津市的传统工业制造业特色、体现天津市的中西结合的新城市文化等成为公共艺术建设的大思路。

（2）九点

主要是古文化街、金汤桥、奥式商务公园、奥式音乐公园、海河中心广场、津塔津门、世纪钟广场、天津火车站前广场、津湾广场各节点。根据四个组团区的总体规划建设思路，结合九个节点的特点，相应的规划建设体现天津城市文化、有地域特色的公共艺术系列。

（3）两带

主要是海河两岸的沿河走廊，这两条走廊虽然不宽，但是一直随海河向前伸展，通过对海河两岸走廊的系统规划设计，把不同节点、区域的公共艺术串联到一起，形成一个完整的天津海河历史文化街区公共艺术形象，体现海河历史文化街区公共艺术以点带线、以线带面的系统规划设计观。

参考来源：尚金凯、张小开，2015

3. 分要素控制

对城市公共艺术规划控制从宏观与微观两个层面出发，提出城市公共艺术建设的原则、规章与导则。原则确定城市公共艺术规划的控制性要素，针对公共艺术主题、材质、空间尺度、形态、色彩、夜景照明等方面进行控制研究，要使研究和咨询的价值成为公共艺术项目的有机组成部分。城市公共艺术的规划控制性要素主要包括以下 9 个方面：

第一，主题与布点控制。公共艺术往往能够成为一个地区的地域标志。城市公共艺术的选题要有准确的定位，就需要对城市历史背景、空间尺度、人们的心理需求层次等进行研究，以营造独特的空间氛围。

在主题明确的前提下，根据不同类型公共空间的尺度与环境，合理控制城市公共艺术的布点位置，使其疏密有序地分布于城市环境中。城市公共艺术拟建点的选址与认定，以及城市公共艺术创作题材的选择，要根据其地域特点及历史人文传承特点，深入挖掘本地历史文化，结合城市的时代风尚，得出最醒目、最鲜明的主题创意。

案例一：海河历史文化街区公共艺术设计思路

天津源于河与海的文化——漕运文化。海河历史文化街区公共艺术设计应体现城市本身的水文化。从城市 600 年的发展史来看，以海河为中心的各类城市历史文化也是海河历史文化街区公共艺术设计的源头。海河历史文化街区公共艺术应以海河的水文化和城市历史文化为创意源头，讲述天津城市的故事，展示天津城市的特色和个性，营造天津人民对城市的共同记忆。

因此，海河历史文化街区公共艺术设计思路为：以水为主线沿海河沿线进行设计，结合有天津个性的主题文化界定设计元素。

以天津传统文化为题材：如天津本土生活百态、天津传统民俗文化、天津历史名人、篆刻、书法、泥塑等传统艺术形式进行表现。

以天津近代工业为题材：如代表性产业、代表性场景、代表性物件、代表性人物等。

以自然生态宜居城市为题材：如海河综合治理、生态城市建设、天津河与海的文化、宜居生活方式等。

以现代都市为题材：如天津改革开放 30 多年来的城市建设、代表性建筑、代表性景观、现代城市生活、时尚之都等。

以中西合璧的天津文化为题材：如租借文化、西式生活方式、音乐会等这些题材都将成为海河历史文化街区公共艺术建设与设计的大思路，为具体的某一处、某一组公共艺术建设提供方向与指导。最终将形成有特色的、能体现天津城市文化、品位的城市视觉形象，为天津市的文化软实力建设提供支持。

参考来源：尚金凯、张小开，2015

城市公共艺术在具体的空间总体布局上，主要围绕点、线、面展开，即由主导性城市公共艺术构成的点、由城市公共艺术景观带形成的线以及由城市公共艺术景观区形成的面。点主要体现于城市门户、开阔地带或制高点、城市广场中心等重要标志空间的公共艺术分布；线主要体现于城市的滨水绿带、特色街道等带状空间的公共艺术的分布；面主要体现于城市公园、城市广场、风景名胜区等城市公共活动场所的公共艺术分布。

第二，分布密度控制。对城市公共艺术的密度应严格进行控制。城市公共艺术规划中公共艺术作品放置的数量与规模应恰到好处，过多或过少都不是适当的做法。摆放过多挤占了城市太多的空间且引起视觉的混乱，过少则缺乏了城市的艺术美，公共艺术作品的审美功效不能够完美展现。城市公共艺术的密度控制不仅仅在于对整个城市环境中公共艺术数量的控制，还应均衡各种不同性质公共艺术的数量以及各种环境中公共艺术的数量。

第三，材质控制。城市公共艺术是工艺与材料相结合的艺术。材质对城市公共艺术来说，其表现力既体现在内容的传达上，又体现在形式的构筑中。在城市公共艺术所使用的材料中，无论是金属、石材、木材、陶瓷、水泥还是树脂，都具有不同的特性。此外，灯光工程、音效工程、烟雾工程、喷泉工程等新的媒介形式的运用也能体现不同的美。要了解美的材质与应用材料的工艺水平在人们视觉与心理上的审美作用，也应注意审美价值与材料价值绝不可等同这一事实。

第四，空间尺度控制。城市公共艺术设计要结合场地空间的大小，考虑与周围建筑尺度的关系。公共艺术的体量特征要以场地空间特征为参考物，保留一定的观赏间距。观赏的间距与角度要以最佳舒适度、适宜度为准，保证视觉的最佳效果，确定公共艺术空间的占有度及其大小。

在城市公共艺术设计中，对尺度大小的把握不能脱离实际情况而一味追求抽象的、绝对的、理想的尺度比例，而要遵循"尺度产生美感"这一美学原则，结合周围的建筑、地面空间的实际空间和观者的审美心理，进行深入研究，试验不同的尺寸效果。在城市公共艺术尺度大小确定方面，既要考虑城市公共艺术与地面空间的关系，又要考虑观者视距的需要。要求城市公共艺术的设计必须因地制宜，顺应各种具体的地面结构形态，同建成环境的空间结构之间保持联系。同时，也要巧妙地利用地面上元素（如花坛、草地、水池、台阶、路面等）的规律性，使之既不影响地面环境空间结构又能弥补建筑的缺陷，增加环境美感，从整体上协调城市公共艺术尺度大小与空间的比例关系，取得和谐统一的尺度美感。

把握好城市公共艺术尺度大小与视距的关系。视距指人们欣赏艺术品的视觉距离。欣赏作品获得的视觉美感一方面靠公共艺术作品的内容和形式；另一方面靠视距来调整，符合我们常说的距离产生美。视距的调整有两种方式，一是观赏者的脚步可以前后位移，产生和公共艺术远、中、近不同的视觉距离；二是观赏者的位置不变，公共艺术的尺度在设计时可考虑其合适的大小变化，最终和固定的观赏点达成协调的最佳视觉效果。前者是灵活的，适合较开阔的空间环境，而后者是被动的，适合较窄小的空间环境。

第五，形态控制。形态的控制包含两层意思，一是对造型的控制，二是对形态组合的控制。造型是对城市公共艺术的单体而言的，造型可传统，可创新，可具象，也可抽象，具体取决于与周边环境的协调性，并能兼顾公共艺术的文化性和公共性。造型形式应结合主题内容，根据周边空间的色彩、环境风格设计出能融入整体的"生长"性雕塑与思想意识强、渲染力强的公共艺术作品。形态组合主要指城市公共艺术之间的组合，相比之下，它比单体造型更重要，更强调城市公共艺术之间的联系，包括城市公共艺术与广场的组合、城市公共艺术与园林绿地的组合、城市公共艺术与街道环境的组合等。

第六，色彩控制。城市色彩主要是由建筑、道路、广场、公共艺术、人流、草木等色彩综合而成的。公共艺术作为城市环境重要的组成部分，其色彩依赖于环境，更显示出其独特的意义和价值。

城市公共艺术的色彩受制于城市环境的主体色彩。应根据环境的实际需要，以及人们对色彩的主观感受，综合创造富于浪漫情调的色彩组合关系，要符合和适应人心理上的要求及审美情趣。公共艺术的色彩必须与周围环境紧密结合，在与建筑物、建筑广场的融合关系上，也要实现刚柔相济。城市公共艺术的材质与色彩要与建筑空间材质相辅相成，形成一种材质互动与材质互衬的效果，给人留下生动鲜活的审美印象。

第七，夜景照明控制。夜景照明是一门技术性很强的学科。城市公共艺术的夜景照明不仅是对公共艺术体本身进行诠释的一个有效手段，更是作为城市夜景环境的一个重要组成部分。城市公共艺术照明要考虑到夜间周边环境本身的照度高低。如果放置在照度高的商业区中心位置，则城市公共艺术应采用低照度，避免造成光污染；如果放置在普遍照度较低的城市绿地广场中心，雕塑就要采用高照度，体现出它的中心位置。

与此同时，还要注意照明的艺术性。在照明手法上要结合公共艺术体的构造形式和材料，恰当用光构成良好的照明效果。同时要注重光色产生的心理效应，调节城市公共艺术观赏者的情绪。城市公共艺术照明还要积极倡导绿色环保，采用高效节能的照明手段、经济适用光源和高照明效率的设施布置。要求有合理的照明标准，控制眩光，防止光污染，保证城市标志和信号灯等不受影响。此外，城市公共艺术的亮化除了照明设置外，还包括对自然光线的应用。

案例二：布劳沃德照明工程（Broward Lighting Project）

布劳沃德照明工程是通过 2005 年的艺术家邀请赛被委托的。该邀请赛为艺术家提供了一个非常宽泛的项目简介，要求艺术家开发一个基于照明的艺术品设计，目的是强化布劳沃德县独特的地方感，把社区意识聚焦于该县公共艺术与设计计划上，并且实现公共艺术在艺术创造和想象上最高水平的实践。

一开始该项目的选址并没有确定，而是由艺术家进行研究，并与相关的政府官员沟通。随着艺术家想法的发展以及一系列相关的建议，艺术家开始把关注点聚焦在市区，并且注意到当地河流的重要性。从历史的角度看，这条河流提供了当地居民与迁入者之间互动的物理证据。该艺术概念就是要为这条河流创造一个非凡的视角，并且强化其历史与社会意义。艺术家一开始的策略是建议在水下安装海洋照明设备来创造一条流动的黄色河流，但是由于一系列因素（沉积物、来自水边红树林的单宁酸）无法实现这一想法，并且专家组希望该艺术品能实现白天与夜晚的呈现。经过研究与沟通，项目的地点选为 Huizenga 公园，运用几种光模式进行设计，如图 6-25 所示，黄色区域用 LED 灯照亮树丛（模式一），粉色区域安装传感器（模式二），绿色区域采用激光模式（模式三）。

模式一：

用白色的光向上把树丛照亮，当人们走过这些树的时候，每棵树十秒变换一种颜色，之后逐渐消失变回向上照的标准白光。该设计是基于"安全"照明的考虑，并且可以在天黑后帮助激活该公园。

模式二：

围绕着公园有五个运动传感器（图 6-25 粉红色星标处）。它们的位置通过地上的五个圆形浮雕被识别。当有人走入这些圆形浮雕的区域时，就会激活一系列预定程序的光模式，运行时间从三分钟到七分钟。在这一系列光模式结束后，将会重新变成白光，直到再一次被激活。每当一个系列被激活，这一系列会完整完成一遍后才进行下一系列。

模式三：

在喷泉的周围安装了一个面向喷泉的新长凳，长凳下一个保护盒中安装着半导体激光系统。当有人坐在该长凳上，或者经过该长凳时，这个激光系统就会被激活。在草地上展示 3 ~ 7 分钟的预编程序光系列。这些系列可以和树的光系列分开独立展示。

图 6-25　布劳沃德照明工程项目平面设计图

参考来源：http://www.publicartonline.org.uk/casestudies/lighting/broward_light/；

http://www.powershow.com/view1/563da-ZDc1Z/BROWARD_LIGHT_PROJECT_powerpoint_ppt_presentation

第八，实用性引导。城市公共艺术具有多样性的功能。它除了具有文化和审美的功能以外，还可以与城市的实用功能结合起来，实现公共设施的艺术化处理。这些艺术化的设施包括公共座椅、指示牌、地铁站等城市设施的诸多方面。

公共设施是为了满足公共空间中的人群需求，公众与公共设施的互动是其精神投射下的一种社会行为。在经过艺术化处理后的设施，可以增强城市风貌的现代美感，同时也是社会文明程度与发达程度的标志，成为城市的一张艺术名片（图 6-26）。与城市设施结合，用公共艺术的方式，装饰、美化有实用功能的城市设施，这也是城市公共艺术一个重要的发展方向。

图 6-26　维也纳东欧美术馆街头广场上的艺术化公共座椅 （来源：作者自摄）

案例三：台湾高雄捷运美丽岛站

台湾高雄捷运的公共艺术作品是由国内外 30 多位艺术家共同创作的，通过多元化形式，记录了高雄的过去、现在与未来。美丽岛站在美国旅游网站"BootsnAll"于 2012 年初评选的"全世界最美丽的 15 座地铁站"中排名第二。该站为高雄地铁最大的车站，也是全球最大的圆形地下车站，位于高雄中山一路及中正路交叉口处，邻近有闻名的六合夜市，为红线与橘线唯一的交会站。其公共艺术规划设计主题为展现红线的历史与橘线的海洋，营造高雄未来新地标的氛围（图 6-27）。"光之穹顶"由国际玻璃艺术家水仙大师负责规划，以南部的人文历史作为探讨的起点，以水（女人与生命）、土（男人与成长）、光（创造与提升）、火（毁灭与重生）四元素为创作理念，以阴阳两极、宇宙轮回、生生不息等观念为核心思想，以琉璃玻璃的多彩变幻特性为其诠释的素材，结合科技、土木、艺术以及建筑、灯光、环控、消防、钢构等多元领域构成，说明了宇宙生生不息的故事。车站出入口由日本建筑师高松伸设计，造型为双手合掌，取名为"祈祷"，象征和平之意。

第九，新媒介和高科技引导。随着现代化科学技术与城市公共艺术形态的发展，公共艺术所运用、依托的媒介日益变得丰富多样。随着制作工艺的进步，除了传统的合金、砖石材料等，出现了大量的新型材料，如纳米材料、金属腐蚀材料、高分子有机材料等。在媒介的运用上，不再像以往仅仅强调雕塑的本体意义，而是将灯光、烟雾、喷泉等新的媒介形式运用到公共艺术创作中，从视觉、触觉和听觉上给城市大众以全新的体验，极大地丰富了大众的业余生活。如上海、广州等很多城市出现了完全运用灯光进行造型，通过灯光的亮度变化、灯光的排列组合来表现灯光的迷人魅力，烘托城市气氛的光艺术品。它是一种技术与艺术的完美结合，大大丰富了视觉体验，同时也为城市居民提供了一个交流、休闲的场所。各种新型媒介在现代城市公共艺术中的运用，为公共艺术的发展做出了重要贡献。例如，荷兰建造了世界上第一条完全用太阳能电池板修建的自行车道。该车道贯穿阿姆斯特丹北部郊区克罗曼尼，长约70m，由一排排晶体硅太阳能电池板组成，这些太阳能电池板被埋在混凝土中，上面覆盖着半透明的钢化玻璃，现在已对民众开放（图6-28）。

图6-27 高雄捷运美丽岛站 （来源：作者自摄）

参考来源：赵晟宇、阮如舫，2012；美丽岛站车站简介

图6-28 荷兰克罗曼尼自行车专用车道 ❶

根据城市设计与城市形象的要求，未来城市在利用雕塑艺术、大地艺术、装置艺术、壁画艺术、建筑小品、水体、园林等各种公共艺术进行建设的过程中，应注重研究如何将现代化新技术与新媒介应用到公共艺术的实践中。

6.3.4 近中远期建设

公共艺术伴随着我国经济社会的发展取得了长足的进步，但以科学的方法纳入城市总体规划在我国还缺乏实践。在城市公共艺术日益得到重视的背景下，深圳雕塑院（现改名为"深圳市公共艺术中心"）承担了国内第一个公共艺术总体规划《攀枝花市公共艺术总体规划（2005—2020）》（杜宏武、唐敏，2007）。这个规划探索了崭新的课题和研究领域，尝试把科学性、社会性和艺术性紧密结合。

结合深圳市雕塑规划的经验，我国现阶段城市公共艺术规划应采用不同的描述手法确定近、中、远期艺术品项目的有关内容。城市公共艺术规划的内容也应以近期规划为主，优先落实近期重点项目。布局选址，拟定题材进行分析和规定，应是城市公共艺术规划的主体内容之一。

公共艺术规划是对城市设计和建筑设计的有益补充，与新的开发项目相整合，是对新旧住宅区、开放空间、艺术和健康计划、邻里更新的社会性投资。在宏观尺度的布局中，要求公共艺术品重视分布的公平性、题材和手法的多样性；在微观尺度的布局中，要求公共艺术品保证可达性。

在公共艺术的近中期规划中，应重点考虑建立标准、资金保障政策和项目的优先内容。确立标准，判断应该优先的公共艺术项目以及缺乏公共艺术的场地。对已有的城市公共艺术品进行归类，建立艺术品管理信息档案；对欠缺公共艺术品的区域进行摸底调查，并作相应的补充。运用控制性详细规划中图则的描述手法，结合详细规划中总平面布局的方法，用点位编号的方法和表格的形式确定近中期规划的各项控制指标。拟定年度规划、条目化的优先顺序名单、期望建设的艺术项目等，具体包括目标、设计方式、预算、下一年度的安排等。

近中期重点建设计划的提出主要基于以下三点：（1）选择具有重要景观价值的城市空间节点；（2）能够通过近期重点项目的建设，从不同角度全方位、多层次地反映城市文化和景观特色，丰富城市文化内涵，美化城市空间景观；（3）与城市形象美化进程相结合以发挥公共建设的最大综合效益。

在远期规划中，要求城市公共艺术由补缺向与建筑环境整体设计过渡，借鉴总体规划和分区规划的描述手法，以原则性的指导意见为主，对商业区、居住区、工业区、公园等不同城市功能区块的公共艺术提出不同的要求。

总而言之，城市公共艺术的近远期规划和建设应遵循科学有序的发展规律。它必然是一项城市系统工程，要进行整体性地规划，形成科学的体系。城市的空间环境总是有限的，城市公共艺术品的选址应具备相对的稳定性，选材应有相对的持久性，这就决定了城市公共艺术不能随意填充城市空间。应本着为公众负责任的态度，为公共艺术详细规划和单体创作留有充分的余地。那种为了迎接某种庆典或者仅是彰显政绩的形象工程是不可取的。城市公共艺术的发展要与城市总体规划的内容保持同步，有条不紊地走可持续发展之路。

6.3.5 主题征集选择

城市公共艺术主题的征集与选择，对形成城市品牌、增强城市魅力、营造投资环境、提高城市竞争力等各个方面都具有较大的价值和潜力。在城市社会、人文、历史的调研中，应重点关注城市公共艺术品要如何与本土地域文化、传统文化、市民文化等城市文化相结合，如何才能有效地彰显本土城市个性、提升本土城市形象等问题。

根据各市的城市总体规划发展要求和城市公共空间景观总体意向，确定城市公共艺术主题定性和建设意向，通过城市公共艺术建设发挥公共艺术的审美引导与文化标志作用。在快速城市化进程下，全面提升城市生活和居住空间的环境品质和艺术品位，提升市民的文化和审美素质。

一般而言，公共艺术品选题可分为以下几类：（1）城市精华文化主题；（2）历史类、传统民俗类主题；（3）多元融合、创意文化主题；（4）运动休闲、自然环保类主题。以义乌市为例，公共艺术品可以根据以下四点来进行选题：（1）商贾文化主题：以"敲糖换鸡毛"为标志的货郎担式小商品经济，义商吃苦耐劳、以商养农的生存之道；行商文化，义商崛起的故事，义乌人尚文好学、尚武勇为、尚利进取的品质；商海义乌，创业之都的梦想城市。（2）历史类、传统民俗类主题：展现义乌历史上涌现的很多具有代表性的人物形象和传说故事，比如忠义神勇的"义乌兵"、走南闯北的敲糖帮、四大家（佛学大家傅大士、文学大家骆宾王、兵学大家宗泽以及医学大家朱丹溪）、乌伤德化的传说、道情和婺剧等题材。（3）多元融合、创意文化主题：展现义乌的移民文化，义乌人生活在一个多元的精神文化世界，义乌市鼓励交换经济、开放进取、多元共荣的理念；展现义乌本土设计师的创造力，义乌创意产业的蓬勃发展，通过卡通设计、动漫设计、工业设计等方式来展现"小商品，大世界"的主题。（4）运动休闲、自然环保类主题：呼吁和带动大家从自己做起，倡导绿色健康的生活方式，践行环保，共建绿色义乌、生态义乌，倡导全民健身，引导大众热爱自然、亲近自然、保护共同的家园。

6.3.6 前期公众参与

公共艺术不仅仅是把较大尺度的艺术作品展露于公共开放空间之中，客观上，它还要求艺术作品具有与公众进行对话的可能，以大众化的艺术语言及形态与之沟通。对公共艺术的"公共性"进行分析研究，主要是针对公众的参与程序，提出如何更好、有效地体现公共艺术的公众参与性，以及对公共艺术的公开遴选与建设成果的公示方式、公共意见反馈渠道等方面进行探讨。

公共艺术主要由规划设计师、艺术家完成，但公众对当地有着更为熟悉的社会知识与经验。因此，如何体现公共艺术的地域性、公共性，除了设计人员本身的判断外，面向公众进行意见征集也是很有必要的，这也是公共艺术前期公众参与的主要渠道，同时也是公共艺术设计的源泉。

在参与方式上，意见征集在公众前期参与的过程中，是一种非常好的表达与参与手段。无论是资金来源的政策保障、多部门合作机制的建立，还是公共艺术空间管理策略的讨论，都有必要广泛征集公众的意见。问卷调查就是征集公众意见的主要方式之一。使用该方式需要有一定数量与代表性的受试者，提问的类型应有较大的涉及面。瑞典隆德工学院的库勒博士曾经选择了200个瑞典词汇，让受访者对15个起居室、15个风景景观和15个具有多样性特征的环境做出予以标度的选择，最后从中归纳出了八个具有代表性、最常用的语义标度试样用于环境的评价，分别是：（1）舒适性，即环境的安全与舒适程度；（2）复杂性，即环境的生动与复杂程度；（3）统一性，即环境各种成分之间的协调程度；（4）围护性，即环境的封闭与开敞程度；（5）潜能，即环境的表现力和象征性的强弱；（6）社会地位，即环境所体现的使用者的社会政治和经济状况；（7）年代性，即环境的新旧和其内在的情感价值；（8）新颖性，即环境是否具有新奇感。这样的调查结果也为设计人员提供了明确的目标与依据，更有助于解决细节性问题（郝卫国，2004）。此外，公共艺术的公众参与方式多样，不单单局限于调查的形式，还可以有投票、听证会等形式。我们可以从普遍的公众参与形式中采纳吸收合适的参与方式，同时注意把握公共艺术自身的特点，注重其文化性、趣味性和生活性的体现。

案例：尤金公共艺术规划问卷调查结果

调查对象	27% 政府官员
	23% 艺术家
	11% 艺术与文化组织
	79% 当地居民

对公共艺术的认知	90% 对当地的公共艺术熟悉 / 非常熟悉	
	注意到艺术品聚集的地方	95% 市区街道 / 公园
		94% 霍特中心
		89% 图书馆
	46% 认为尤金有 101 ~ 500 个艺术品	
	64% 不清楚公共艺术品的分布是否平衡和公平	
	23% 公共艺术品的分布不平衡	低收入地区 / 少数民族区 / 边缘社区
		公共学校
		公园
		门户地区
偏好	艺术品区位	66% 市中心和社区
		23% 市中心
	喜欢的场所类型	79% 公共建筑外部
		78% 公共公园
		71% 公共机构：图书馆，博物馆等
		71% 城市街道和人行道
		54% 公共建筑内部
		46% 城市门户
		44% 校园
	优先场所	市中心、公园、门户地区
	喜欢的艺术品类型	71% 与功能设施相结合的艺术
		70% 户外艺术
		68% 雕塑
		65% 与景观设计相结合的艺术
		64% 与建筑设计相结合的艺术
	艺术家的来源	55% 本土艺术家
		54% 太平洋西北地区
		45% 所有艺术家
	经费来源	90% 私人捐款
		81% 市 / 县政府
		79% 企业
	公共艺术价值观	76% 公共艺术对实现尤金 "World's Greatest City of the Arts and Outdoors" 的愿景有很大贡献
	使尤金更有吸引力	90% 对居民更有吸引力
		93% 对游客更有吸引力
	告知居民 / 使居民参与公共艺术的最好方式	78% 报纸
		71% 电视

		60% 网络
	告知居民 / 使居民参与公共艺术的最好方式	56% 邻里协会
		56% 校园课堂
偏好		56% 通知我就好
	是否希望参与公共艺术	25% 积极参与
		19% 不感兴趣
	是否希望得到通知	42% 提供联系方式
	开放式回答的内容包括：区位、看法、建议等	

参考来源：Barney & Worth-Inc，2009

在内容上，前期公众参与主要是参与确定选题与题材。作为一种主要基于视觉的艺术，公共艺术是大众文化的浓缩载体。大致说来，无论是内容还是形式，大众文化都更多地与大众生活相联系，它要求通俗易懂、便于操作和易于传播。在初始阶段，公众可以进入官方网站了解公共艺术。公众如有意向参与公共艺术计划，也可以通过网络了解各项公共艺术计划方案的介绍、发布会召开时间、征选进度、投票结果等内容。与此同时，关于公共艺术的最新消息，主办方还可以以电子报、会员信函或展览等方式，不定期地提供给关心公共艺术建设的公众。

公共艺术从属于社会价值的范畴，其创作必须依靠社会力量的扶持才可以发展。因此，公共艺术的规划、创作，不仅要具有美感，吸引公众的注意力，同时还要兼顾公众的要求和意愿。近年，我国城市雕塑建设取得了很大的进展，但公共艺术作品从构思到最后选址建成，公众始终难以参与其中，为公共艺术献计献策。公共艺术创作的最终目的是反映大众文化，为生活、工作在特定环境中的公众提供一件良好的艺术作品，为他们创造具有艺术气息的环境氛围。因此，公共艺术本身的繁盛并不是最终的目的，它旨在促进整体社会的繁荣、幸福和人性的自由。明确了这一点，才能激发公众参与公共艺术规划的热情。与其他艺术创作不同，在公共艺术创作的过程中，公共艺术的被参与性越高越好，不应将作品圈起来，远离公众。

案例：台湾大学公共艺术设置的公众参与

名称	作者	时间	地点	材质	参与方式
捷	林良才	2004	新体育馆	红铜	（1）举办公开甄选创作并于现场组织说明会；
速度的艺术	庄普	2004	新体育馆大厅	混合媒材	（2）印制专文暨相关文件向师生及附近邻里推广；
奥林匹克	黎志文	2004	新体育馆前	白花岗石	（3）将作品方案公开展示，以便师生及民众提供意见

用心带领	陈正勋	2005	新生南路地下停车场旁	铸铜、陶、不锈钢	（1）于兽医系馆举办展览及票选； （2）艺术家与兽医系师生及校方人员说明沟通，并进行修改
民以食为天	许慧娜	2004	食科所	铁片、金属罐	邀集师生共同参与讨论，并进行修改
饮水思源	陈正勋	2002	尊贤馆前	黑色花岗石、玻璃	作品实施前公开阅览，并由师生及民众提供意见
健康之道	郭清治	2005	公共卫生学院新建大楼	花岗石、镜面不锈钢	（1）展览初选作品，并征求意见； （2）公开展示首选作品； （3）举办设置说明会； （4）参访艺术家工作室了解进度，并于设置完成后制作捣烂数据供取领
记忆之门	黄文庆	2005	台北市青田街	玻璃	（1）在记忆之门的下方预留两片时间拓片，放入师生及小区的时间纪念对象； （2）公开展览及"认识公共艺术"课程及导览； （3）举办"公共艺术飞行船"展览及活动，与龙安小学师生互动
五扇邀请你来的门	Frederic Oudry	2005	台北市青田街	粗陶土、釉料	通过搜集老照片的过程，和参与的人们共同回顾昔日建筑风情

参考来源：何镜堂、郭卫宏，2007

6.3.7　本土文化提炼

国内一些城市雕塑规划编制还停留在 20 世纪 80 年代初的思维上，将城市的室内外空间当成一个大的展厅，把西方的城市公共艺术模式、体现我们过去文化意识形态的雕塑分别放在展台上，就当成了城市未来的艺术格局。这种规划一是容易造成模仿国外过时的艺术样式，二是容易将国外带有意识形态倾向和极端个人主义的雕塑置放在未来朝着民主、自由、生态和谐发展的城市空间，形成民族文化创造的精神缺失和时空错位。

在义乌实证研究的问卷中，有 59.82% 的市民表示喜爱历史纪念型和民俗场景型的艺术品。如果能确保公共艺术项目反映周边社区的兴趣和本土文化，公众将更容易参与到公共艺术项目的整个过程中，这也有利于公共艺术项目建成后得到更好的认可和积极的反馈。在接受项目委任后，设计的第一个阶段中，艺术家应该通过项目研究、场地考察以及与当地居民讨论尽可能多地获取本土信息。

以义乌市为例，义乌拥有大量的设计作品和设计师。这个城市每天都有数量庞大的人群在从事和设计相关的工作，很多小型公共设施的设计其实都可以引入本地设计师参与。义乌完全可以以竞赛的方式挖掘这类创新人群的潜力，通过强调本土设计师的创意和地位，强调市民（包括外来的商家）的参与性，在全国的公共艺术建设中率先打造本土化的城市公共艺术设计智囊团。

案例：天津市的本土文化提炼

孙小开等通过对天津市历史城区的城市文化与语境进行研究，提炼了该区域的文化，具体体现为历史文脉与社会文化两个层面。

1. 天津的历史文脉

漕运文化：天津是港口城市，城市中心有79km长的海河经过，京杭大运河贯穿天津，自明朝以来一直是北方重要的漕运基地。漕运文化是天津历史城区的重要文化之一。

租界文化：在清末至民国年间，随着西方列强的入侵，天津是当时的九国租界。不同的国家在租界内执行不同的制度，大兴建设，为天津市留下了九国风格的各式建筑和生活。到目前为止，租借文化对天津市仍有重要的影响。

工业文化：天津是中国近代工业的发祥地，同时也是中华人民共和国成立后工业的发展地，中华人民共和国成立后的诸多工业产品都是从天津生产的，如第一台无轨电车、第一台自行车、第一台电视机、第一块手表等。

2. 天津历史城区的社会文化

市井文化：由于天津以水、漕运为基础，因而形成了洋洋大观的码头文化。由于码头文化的带动，逐步在码头周边形成了大碗茶、各种曲艺、饭庄等各种从船上下岸后生活所需的配套。人来人往，形成了丰富的市井文化。

儒雅文化：跟天津市井文化相对应的，是天津的儒雅文化。天津市由于离京城较近，受北京皇家文化的影响，文人结社之风也很兴盛。特别是随着京城遗老遗少、各级官员来天津生活养老，也带来了不同文化的交汇，形成天津的文人文化。

天津现代化与国际化：改革开放以来，随着天津市的现代化发展，天津市成为北方经济中心、国际港口城市。城市现代化气息越来越重，天津历史城区也是天津市现代化与国际化发展的基础，历史城区也正在走向现代化和国际化。

参考来源：张小开、孙媛媛等，2015

6.4 中期行动纲领

公共艺术规划中期行动纲领主要包括艺术品公共性审查、原创性审查、中期公众参与，以及公共艺术竞赛机制等（图6-29）。

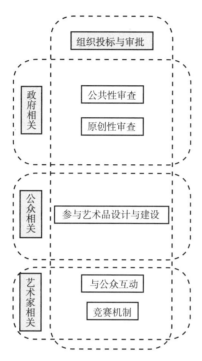

图6-29 城市公共艺术规划中期行动纲领 （来源：作者自绘）

6.4.1 公共性审查

公共艺术强调公共性，它的策划和实施不再是单一的个人行为，而是在与社会、公众、公共空间的相互作用中共同实现的（陈立勋、董奇，2012）。通过对比国内雕塑规划和西方的公共艺术规划发现，同样在考虑布局问题时，国内常常是从城市宏观尺度去考虑落点及对景关系等。而国外则讲究在微观层面，即从人的尺度上探讨对公共艺术的欣赏是否可行，非常具体地规定了公共艺术的可达性标准。从公共艺术的定义看，其主要目的之一在于激发公共空间的活力，可达性应该是其核心，实际上更需要在公共空间的微观层面进行研究。对公共艺术微观尺度和布局情况的重视，关系到公共艺术"公众参与"的实现可能。在规划布局阶段，可达性的审查，将保障后期公共性的具体实现（董奇，2015）。

案例：亚特兰大公共艺术布局标准

西方对中微观尺度空间布局较为重视。以亚特兰大市为例（City of Atlanta，2001），其公共艺术规划为选择安置公共艺术的场地设计了八条非常详尽的布局标准。第一，场地应该有较高的步行人流量，属于城市步行系统的一部分；第二，容易被公众看到并到达；第三，使艺术品起到吸引人流并激发场地活力的作用；第四，应能提升整个公共环境的品质；第五，应能提升行人的街景体验；第六，帮助创造一个聚集并富有多元活动的场所；第七，应能使艺术品成为地标与邻里的门户；第八，在城市中散布，而不是集中在中央商务区。除了这些原则性的规定以外，它还陈列了十一条更具体的场地选择考虑因素（表6-3）。其他城市的公共艺术规划也设置了类似的标准以确保艺术品能最方便地被公众到达并欣赏。

在场地选择中应考虑的十一条因素　　　　　　　　　　　　　　　表6-3

1	在室内公共空间陈设的作品应能被公众在建筑正常开放时间段自由接触，而无须特殊的门票或许可（管理上的考虑）
2	在室外公共空间陈设的作品应在24小时内都能被公众自由接触。如果作品位于公园或类似场所，它在该场所正常开放时间段内应能被自由到达（管理上的考虑）
3	作品不应阻挡入口、窗口以及行人进入或离开建筑的正常通道，除非这是该项作品设计中的特殊体验
4	作品不能安置在由于景观和管理的要求难以到达的场地
5	作品应被安置在立刻能被看到，并具有最大可见范围的场地
6	艺术品所在的位置不应被场地的尺度、临近的建筑、大型商业标识、广告牌等干扰或淹没
7	作品应放置在能提升周围环境的地点
8	作品不能产生盲点，以避免非法活动的发生
9	作品应当放置在一个可能产生聚集的场地或是体验到高强度人流量与活动的地方
10	作品的放置应能有效提升并激发行人和街景的体验
11	艺术品的安装应与意象场地的总体规划相吻合，包括邻里或公园规划

备注：艺术品的安放地包括：墙面、天花板、地板、窗户、楼梯、自动扶梯、屋顶以及入口和出口；艺术品的致谢词应与城市标识规范一致，不能以传递商业信息为主；捐赠者的名字可以写在不大于2平方英尺大小的板上。

6.4.2　原创性审查

对公共艺术作品原创性的审查，中国现有的法律法规尚不完善，导致艺术家难以维护自己的权益，一些地方组织也没有足够的权力帮助受到侵犯的艺术家。

在原创性审查上，建议参考《中国雕塑家公约》（附录九）中涉及作者原创性的条款，制定管理办法。同时可以设置由专家组成的评审团，对新置艺术品进行评定，比如超过 1/3 的人认为曾经见到过类似的公共艺术品就不予建设等。

6.4.3　中期公众参与

在规划设置的阶段，以往由政府主导的公共艺术很少反映出社区文化和传统文明，其结果容易出现具有强烈个人风格但民众不接受的艺术作品现象。而城市公共艺术的一条重要属性就是对于公共性的诉求和对公众参与的关注。通过中期公众参与公共艺术的设计与建设，即公众作为公共艺术家的助手，可以实现艺术家与公众的互动。和艺术家一起工作可以使设计方案不仅仅只考虑功能，还获得一种机会，使得创造出来的设计方案能反映特定地域或社区生活、地域感和身份认同。因此，在设计过程中，鼓励与社区互动，加强社区组织的参与，增进对艺术作品的解释理解、认知和参与。其目的是使艺术品的创作和公众紧密相连，把大众带入艺术品的创作过程中，其知识和体验成为公共艺术规划设置过程的有机组成部分。另外，通过举办多种形式的公共艺术创作竞赛和展览，使民众关心自己的生活环境，有利于建立公民意识（董奇，2015）。

从艺术家的角度而言，英格兰艺术委员会（Arts Council England）指出，艺术家能够非常有效地和当地居民与团体合作。他们通过帮助人们以不同方式清晰表达对环境的感知和体验，从而提升"场所感"（Bristol City Council，2003）。在社区的公共艺术项目中，艺术家起到的作用是：合作者、诠释者、教授者、导师以及社区和委托人之间的联络者。这类设计项目的中心是社区，其目的是使公共艺术品的创作和公众紧密相连。在艺术家与社区居民的互动过程中，社区居民被带入了艺术品的创作过程中，他们的知识和体验成为艺术设计的有机组成部分。

从公众的角度而言，公共艺术与艺术家单纯的个人作品展示不同，它是属于广大群众的，大众拥有对公共空间的使用权。为了避免公众成为艺术事件的"旁观者"甚至"被迫接受者"，在公共艺术的施工阶段应尽可能地鼓励公众积极参与公共艺术的建设过程，实现各主体之间的互动（图 6-30）。参与形式不拘一格，既可自发地充当设计师的助手，也可以利用社区的空闲地块，由公众自主灵活地构思设计、建造、种植。无论何种形式，均可维护公众作为主体应有的权益，发挥民主作用。公众参与的公共艺术建设可以借鉴美国的做法，以城市居住区范围为主，其形式没有严格的限制，主要利用空闲废弃地块，由公众参与进行自主和灵活的设计、建造与种植，一般不需要统一管理与投资。这种形式被称为"自助景观环境体系"，在美国的社区花园中较为普及（郝卫国，2004）。

图 6-30　艺术品设计制作各主体间关系图　（来源：作者自绘）

案例：布里斯托 Spacemakers 项目

Spacemakers 是为居住在布里斯托的 Hartcliffe 和 Withywood 地区的青少年（13 ~ 15 岁）服务的一个设计项目（图 6-31）。该项目的初衷是为了让这些青少年做一些他们在学校或日常生活中无法实现的事情，鼓励他们持续而有效地参与到该地区的环境改善决策中去。他们与景观设计师一起工作，通过公共参与的方式向布里斯托尔市议会（Bristol City Council）展示他们的规划。在项目过程中他们制作了公共多媒体展示，还对布里斯托广播电台（BBC Radio Bristol）进行每周的访谈。这些青少年通过亲临公共空间、参访工作室和参加田野调查获取相关的公共艺术知识。他们成为这个项目的客户，并且在整个项目的过程中做出了关键的创造性决定。

参与到该项目的青少年走出了他们自己的舒适区，在他们感兴趣的地区尝试新的体验。该项目增强青年人的自信和技能，使他们创造性地参与到重塑当地空间环境的决策中去。他们在项目过程中所获得的技能以及所学到的知识是无法在当今的教育系统中实现的。

图 6-31　布里斯托 Spacemakers 项目

资料及图片来源：Green H et al，2005；http://www.publicartonline.org.uk/casestudies/education/spacemakers/images.php

6.4.4　公共艺术竞赛

一般而言，举办公共艺术品竞赛具有积极的文化意义、经济意义与社会意义。从文化的角度而言，通过举办公共艺术品竞赛，能够不断唤醒城市的记忆，继承、重建与更新城市文化，让城市更具有文化品位与内涵，让居民得以诗意地栖居。从经济的角度而言，公共艺术品竞赛，尤其是能够连续举办的竞赛，其广泛的竞赛宣传作用，有利于构建城市的文化品牌，塑造城市形象，提高城市在一定范围内的知名度与影响力，给城市带来更多的发展契机。艺术品竞赛常常结合城市大型的全国性乃至国际性活动展开，推动这些活动更深层次地进行。从社会的角度而言，艺术品竞赛的社会意义体现在其强大的人文关怀上。举办竞赛，有利于体现城市历史文化并且通过其对话和互动的本质促进城市内部人与人之间、人与政府之间的交流。强化居民的市民意识，使民众关心自己的生活环境，积极参与城市建设。

当前，各地城市举办的公共艺术竞赛越来越丰富，举办竞赛的目的也往往不止一个。一般来说，可以分为以下五个方面：

第一，为雕塑公园征集作品。雕塑公园是中国近年来公园建设的新形式，并已有诸多优秀案例。国内雕塑公园建设风头正劲，各大城市相继出台和规划了雕塑公园建设计划。的确，随着经济的快速发展，雕塑公园的建设改善了城市环境，提升了城市文化品位。一个成功的雕塑公园对主题类型、后期维护管理、具体雕塑作品的材质、设计尺度与互动性等方面都有很高的要求。通过举办艺术品竞赛，能够广泛地收集国内乃至世界的优秀艺术作品。我们可以看到，一些知名艺术家受邀而创作的作品，具有广泛的影响力。能够在很大程度上吸引人群，对雕塑园的发展具有积极的作用。

第二，为大型活动提供配套内容。艺术品形式多样、内容丰富，具有很强的表现力，从而能够吸引更多的目光。艺术品竞赛不仅能够为大型活动征集一些前期的材料，如代表性造型雕塑、活动 logo、海报等，还能为活动宣传造势。以艺术活动作为宣传的铺垫，点燃人们的热情。不仅如此，艺术品竞赛能够为城市留下永恒经典的文化遗产，成为城市的记忆，形成长远的影响力。

2008 年奥运景观雕塑方案征集大赛就是很好的例子。为实现人文奥运建设，大赛面向国际性的雕塑领域，遴选最佳景观雕塑方案，并通过生动感人、渐入高潮的艺术活动和形式推动奥运宣传，激起公众及国际友人广泛参与奥运的热情。比赛产生的金、银、铜奖被推荐到北京奥运景观或其他城市景观建设中使用。

第三，为城市征集大型公共艺术品。城市大型艺术品对城市形象与城市环境产生了深远的作用。大型艺术品作为一个城市价值观的外在体现，常常以城市地标的形式出现。为了寻找合适的方案，常常由地方政府领头，通过艺术品竞赛的形式，面向地区乃至全国征集方案。让艺术家与民众都能参与其中，以此获得群众喜闻乐见并对城市发展起促进作用的方案。

第四，征集项目地块半公共艺术品。企业以及个人机构负责的公共艺术通常位于半公共性质的空间，如企业大楼外围、个人名下对外开放的物业等。一些艺术品竞赛由大型企业单位主办，向社会寻求能在项目地块上实施的标志性景观方案。这些艺术品既能代表企业的形象，给过往人群留下深刻印象。同时也能体现项目的文化内涵，增强地块的视觉冲击力和艺术感染力。这些竞赛常常联合艺术行业单位或组织，在地方上形成一定规模的影响力。

第五，繁荣城市公共艺术事业，促进经济、社会、旅游、文化全面发展。为繁荣城市公共艺术事业，将艺术和城市公共空间美学规律充分融合，丰富城市文化内涵，满足人民群众的精神需求，政府会积极与民间组织联合举办一些比赛，积极推动和促进城市公共艺术建设向更高层次发展，提升城市景观的艺术品位。

以曲阳为例，作为闻名中外的"雕刻之乡"，其雕刻文化源远流长。在这片具有丰厚传统文化底蕴的圣土上，富有创新精神的曲阳雕塑艺术家集雕塑、文化、艺术于大成，把曲阳雕塑文化发扬光大。河北省雕塑艺术大赛旨在推动全省雕塑艺术的创新，推出雕塑新人，创作更多艺术精品。它的举办很好地展现了曲阳雕塑家的艺术风采，同时促进曲阳经济、社会、旅游、文化的全面发展。

从公共艺术品竞赛的发起形式看，目前主要可以采取市政府及相关部门主导以及知名企业举办两种方式组织竞赛。由市政府及相关部门举办的具有一定规模的大型比赛，能够在全市范围内产生广大影响力。不仅能为城市获得优秀的艺术作品，同时也能丰富群众的文化生活，增添城市的活力。由知名企业以各种形式举办的设计竞赛，能够发掘并调动本土拥有一定知名度和实力的企业。通过竞赛不仅能够起到品牌宣传的作用，还能获取设计创意资源、发现设计人才。

随着公共艺术事业的发展，艺术品竞赛出现了三种常见的模式。

第一，不限定创作的主题与场地。这类竞赛规模与影响范围基本有限，竞赛的目的往往是为了促进公共艺术行业稳健发展，进一步提高城市景观建设水平。这类比赛的主题不限或者极其宽泛，场地也不做要求。这样的比赛往往能够让艺术家自由发挥和创作，促进公共艺术设计内容与形式的创新，对行业内部的交流有重要的作用。但是也容易出现参赛数量与质量达不到预期的现象。例如2007年首届国际城市雕塑设计大赛，该比赛由中国雕塑网、全国城雕网主办，大赛对方案设计并没有严格要求，内容、形式、材质、规格、表现手法和技法不限，提倡创新设计。以体现城市文化特色、反映城市风情、表达城市品位追求为主题，表现积极向上的精神状态。

第二，限定创作的主题，不考虑场地。这类模式的竞赛常常属于大型活动的配套活动之一。竞赛迎合大型活动的主题，推动活动的宣传，激发群众热情。另外，这类模式会结合重大节日的庆祝和特殊纪念，主题以永恒经典为主。例如2010年举办的滑田友奖·淮阴中国母爱主题雕塑大奖赛，该大赛以歌颂母爱为主题，要求参赛作品在紧扣主旋律的基础上，刻画母亲形象，表现母爱力量，反映现实生活，关注民生，彰显时代精神，体现艺术的继承与创新。又如2012年举办的青春的力量——南京·国际体育雕塑大赛，该大赛的主题为"青春的力量"，作品以"青春和弦""生命乐章""精神丰碑"为创作方向，征集城市体育雕塑设计作品。

第三，限定创作的主题，提供场地的详细信息。当下，这类模式的数量呈现上升趋势。艺术创作需要考虑艺术品与地方历史文化的关系，考虑场地的特点。双重的限制对艺术家提出了更严格的要求，从而也涌现了一些凸显地域文化特色，符合场地规划主题定位，展示城市实力、活力、魅力的优秀作品。例如2010年济南市举办的"人与自然"雕塑大奖赛。雕塑大奖赛背景为济南市森林公园。大赛以"人与自然·绿色泉城——森林里的和谐乐章"为主题，要求体现人与自然之间、植物群落之间、动植物之间相互依存、和谐共生的关系；体现以济南历史文化、民俗文化、地域文化为题材的城市雕塑作品；展现济南城市新貌的雕塑作品。

在后期公共艺术作品的评比环节，依照比赛的规模、性质与目的等条件，通常采用以下一种或多种方式进行评比。

（1）专家评选制度。由著名的雕塑、建筑园林、城市形象相关领域的艺术专家组成专家评审团，作品评比专业性较强，能保证公共艺术作品的质量与水平。但由于缺乏公众参与，选出的作品容易与民众通俗需求出现落差，引起较长时间的争议，需要花费一定时间与公众沟通，对公众进行艺术教育。

（2）作品公示。评审委员会通过初评、复评遴选出多件入围作品，并在大赛组委会指定网站上进行公示。公示期结束后，如未收到异议，大赛组委会将评出一、二、三等奖。该方式公众参与度低，对比赛公示结果的影响程度较小。

（3）公众投票（包括现场投票、网络投票等）。公众投票充分体现了公众的参与度，分为网上投票和实体展览投票两种形式。网上投票的方式可以在方案征集截止后，在指定网站上设置版块对所有合格作品进行网络展示及投票。投票结束后，以网络投票结果确定获奖名次，并及时在相关媒体公布。实体展览投票的方式可以通过举办实体展览，邀请民众参与投票。通过统计巡展过程中广大群众的选票结果，自高票到低票列表形成公众投票排序。

随着政府对公共参与的重视以及通信技术的进步，公众投票（尤其是网上投票）的方式近年逐渐被广泛采用，如使用移动工具来进行网上投票决定获奖者。但是，由于当前条件下民众基础审美与公共文化宣传的水平依然有所局限，专家评选制度仍是公共艺术品质量审核的保障。在依赖艺术与审美水准较高的专家组的同时，也要继续提高普通民众的审美和艺术文化水平。

此外，公共艺术品竞赛需邀请相关媒体进行宣传，同时也可以起到公众督促的作用，引导竞赛的内容向城市形象与市民审美贴近。竞赛的主题与形式也要与城市的公共艺术规划相符，所评选出来的作品才能最大限度地符合规划需要。

案例：漳州首届国际公共艺术展网络投票

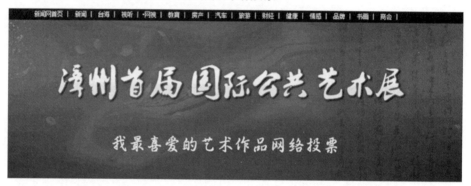

一、活动内容：

"从卡塞尔走来——漳州首届国际公共艺术展"

由漳州市人民政府、中国美术馆联合主办，中央美术学院、柏林自由大学协办，漳州市城市建设投资开发有限公司承办的"从卡塞尔走来——漳州首届国际公共艺术展"于 2013 年 6 月 16 日在漳州碧湖生态公园正式展出。展览吸引了大量的业内人士和各界群众前来参观鉴赏，取得了良好的社会效益。为进一步拓宽艺术展的社会覆盖面，扩大影响力，提升漳州的城市形象和城市品位，特举办"从卡塞尔走来——漳州首届国际公共艺术展"我最喜爱的艺术作品网络投票。

1. 组织机构

主办：漳州市碧湖生态园开发建设指挥部

承办：漳州新闻网

2. 活动日期：2013 年 7 月 10 日～2013 年 8 月 10 日

3. 抽奖事项：投票期每周一期（7 月 16 日、23 日、30 日，8 月 6 日），每期随机抽出 20 名幸运网民；投票结束后，在 8 月 12 日再随机抽出 100 名幸运网民。中奖者凭获奖短信，即可获得由漳州市碧湖生态园开发建设指挥部提供的精美奖品一份。

二、投票规则：

1. 投票时需输入姓名和手机号码

2. 每个手机号码可以投 5 部作品

三、参选作品：略

资料及图片来源：http://toupiao.zznews.cn/index.asp

6.5 后期行动纲领

公共艺术规划的后期行动纲领主要包括艺术品的日常维护管理、信息数据库的建立、公共艺术的宣传与推广、后期公众参与以及艺术家提供艺术品维护建议等（图 6-32）。

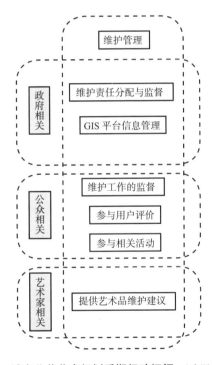

图 6-32 城市公共艺术规划后期行动纲领 （来源：作者自绘）

6.5.1 日常维护管理

在西方很多城市，对既有公共艺术品的维护和保存工作已经由规章制度确定下来。在公共艺术品的后续维护管理方面，美国达拉斯市成立艺术管理委员会的经验值得我们借鉴。管理委员会每十年对城市的公共艺术政策和艺术品进行评估，决定现存公共艺术品是否有继续存在的必要。事实上，这种做法是沿袭了国家艺术基金会的规则。为了保障艺术作品免遭来自政治或其他领域因素的制约，国家艺术基金会规定每一件公共艺术作品一旦获准设置，至少应有十年的"生存期"，避免公共艺术品成为政治纷争或城市改造运动的牺牲品。如果作品在此期间遭到民众反对或因环境变更而需要对其存留做出抉择时，公共艺术主管部门会书面通知艺术家，然后再决定其命运。如果艺术品获准拆除，政府会对艺术品进行公开标售，其销售所得的 15% 归艺术家个人所有，其余的 85% 则缴入公共艺术基金，由基金会决定其使用权。受美国公共艺术政策的影响，德国、法国、瑞典、日本以及澳大利亚等国也相继颁布了类似的法案，为公共艺术的发展提供了坚实的政策保证（陈高明，2014）。

在我国部分城市，相关的工作也已经开始进行，但还没有制度化。以北京为例，为更好地保障城市雕塑对首都城市环境的美化作用，北京市规划委员会加强了对城市雕塑的管理工作。2004 年对全市城市雕塑进行了普查，2005 年加强了对城市雕塑的维护工作，对东城区、西城区、崇文区、宣武区公共环境的 100 多座城市雕塑统一挂牌，拆除劣质雕塑，定期清洗维护，对损坏的城市雕塑进行维修。2012 年，北京完成了全市第二次城市雕塑普查。经统计，全市城市雕塑共有 2505 座，较 2004 年第一次普查新增了 669 座。今后，城市雕塑普查将常态化。此次普查历时一年半，涵盖 16 个区县，主要对建成城市雕塑的空间坐标、尺寸进行了实地测量，对城市雕塑的材质、质量状况等进行了登记，基本掌握了全市建成雕塑实际情况，为实现城市雕塑动态管理奠定了坚实的基础❶。这样的工作，不但利于维持艺术品自身的品质，还使艺术品的教育功能得到支持。在不少城市，有公共艺术品的图册和路线图，为城市的儿童接受本土文化教育，为游客理解城市内涵，起到了很好的作用。这种维护和保存工作应该由规章制度确定下来，明确指出负责人员和经费来源。

城市公共艺术建设管理要进一步从城市的实际出发，根据经济发展的速度，并按照城市发展规律和艺术规律，平稳持续地推进城市的公共艺术工作发展。管理具体体现在对内和对外两个方面。对内主要包括三个方面：（1）建立相关的保护公共艺术品的制度和维护细则。完善法规，制定切实可行的城市公共艺术管理条例，推行公开、公正、公平的竞争原则，建立招标投标制度，依法规范城市公共艺术建设市场。管理公共艺术的工作人员能尽职尽责地完成保护任务，根据不同时期的公共艺术的状况采取相应的措施进行维

---

❶ 参考来源：http://www.chinanews.com/cul/2012/01-16/3608209.shtml

护和管理;（2）建立艺术品电子信息数据库，实时反映公共艺术的近期状况，对全市范围内的艺术品维护周期进行统一管理;（3）对城市公共艺术审批与管理机制、公共艺术设计方案征集、公共艺术相关法规保障、公共艺术的建设资金筹措渠道、公共艺术后期维护、公共艺术平台搭建、公共艺术活动组织等问题进行研究探讨。

对外主要体现在对普通广大市民的要求上，建立公众良好的保护环境、爱护公共艺术的主观意识。随着国民素质的提高，广大群众爱护公物的意识越来越强烈，但是也不能就此忽视人为破坏的因素。因此，针对市民制定相应的公共艺术管理条例还是有必要的。通过建立相应的奖惩或是激励制度，使公共艺术的维护更加有序和合法，在维护城市美丽的同时更能让人们欣赏到更好的公共艺术。

第一，可以制定管理技术规范。针对不同类型、材质的作品制定管理维护和改善原则，具体包括日常管理维护、定期保养修护和材质评估维修等准则。《公共艺术作品管理维护操作准则》（表 6-4）可以作为未来各管理维护单位执行的基本依据。

公共艺术作品管理维护操作准则　　　　　表 6-4

材质	材质评估准则	基本管理维护准则	定期修护准则
马赛克	依陶瓷的强度、渗水度、釉药状况不同而成差异	水，温和的清洁剂和软毛刷清洗，然后彻底地冲洗干净	需周期性保养，定期冲洗以及检视湿度
铸铜	适当的绿锈色彩和调整应请教艺术史学家的意见	用自来水和中性清洁剂并以海绵及软毛刷进行手洗工作	需周期性保养，定期冲洗和重新上蜡，防护漆须于5～10年后重新更换
石材	石制雕塑常因机械、物理、化学生物的结构而损坏，湿气的隔离是石材养护的关键课题	水，温和的清洁剂和软毛刷清洗，然后彻底地冲洗干净	需定期清洗并分解污垢，更新防水剂
木材	木制雕塑品受制于物理性损坏，生物的成长，昆虫的破坏及湿度、温度的影响	养护方法包括与地面水的隔离，清理和强化物的使用	每季检视保养一次
混凝土	气候因素会造成混凝土的表面风化不均匀，并且通常由表面开始腐蚀而留下暴露的碎石粗糙表面，过度风化时需要更新	水，温和的清洁剂和软毛刷清洗，然后彻底地冲洗干净	需周期性保养，定期冲洗以及检视强化物及防水质材
铝	如作品未上保护层将会在表面产生薄薄的氧化物	用自来水和中性清洁剂并以海绵与软毛刷进行手洗工作	需周期性保养，定期冲洗
铁	铸铁雕塑品在户外会生锈、氧化，并且视合金的种类及特定污染物而不同	使用自来水及中性清洁剂清洗后再彻底冲洗。蜡和漆的透明保护层适用于暴露在外的铁金属表面	每半年清洗、检视一次。保护层须定期更新

第二，对作品进行定期勘察与记录。在作品现况的勘查中主要收集四种数据：（1）作品的技术性描述和状况评估；（2）公共艺术的维护建议；（3）对所建议的活动做优先级的分配；（4）预估所需要的经费。

现场勘察后，根据现场勘察结果制作勘察报告。公共艺术的现况勘察报告是一份数据广泛的文件，将引导养护计划的进行，并确保不论人事如何变动，所规划的概念和计划优先级都能持续下去。具体包括：（1）作品和维护计划执行说明；（2）勘察目标、参与者、设计、时程进度与经费说明等；（3）养护计划和养护优先级的一般性观察和建议；（4）完整勘察表格；（5）过去相关的维护资料与报告；（6）摄影纪录与拍摄全景和局部照片，纳入勘察报告，作为永久性档案的一部分。

6.5.2　信息数据库

地理信息系统（GIS）是一种具有信息系统空间专业形式的数据管理系统。在严格的意义上，这是一个具有集中、存储、操作和显示地理参考信息的计算机系统。地理信息系统技术能够应用于科学调查、资源管理、财产管理、发展规划、绘图和路线规划。本次研究中我们引入了 GIS 进行艺术品信息管理、分析和制图。GIS 在补充调研之后对数据库进行更新也十分便捷。因此，GIS 对于城市市域范围内的公共艺术品的管理能起到非常高效的作用，增强决策分析的合理性，丰富研究成果的表达方法。数据库的建立包括数据输入与编辑、空间查询与分析、数据的整理与输出三个步骤。

1. GIS 数据输入与编辑

对已有公共艺术品进行详细调查，把各种信息（包括名称、类型、建成年代、作者、维护状况等）录入数据库，并在地图上精确标定点位（图 6-33）。对于将要新增的公共艺术品，在建造之前进行详细登记。在平时维护的时候要经常补充信息，核对之前信息的准确度。

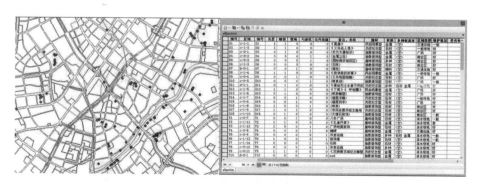

图 6-33　GIS 数据信息输入与编辑示例　（来源：作者自绘）

2.GIS 空间查询与分析

GIS 具有很强的空间信息分析功能，这是区别于计算机地图制图系统的显著特征之一。最基础的包括针对给出的条件选择自己所需的对象、根据属性查图标、根据图形查属性；实现空间查询与量算、缓冲区分析、叠加分析、路径分析、空间插值、统计分类分析等功能。

3. 数据的整理与输出

对空间数据进行运算处理与统计分析后，如果操作人员对于结果比较满意后便可输出成果。GIS 的输出形式包括矢量图、栅格图、统计图表等。按图的内容可分地形图、专题图、符号图案、三维图、渲染图等，最终形成自己所需要的内容（图 6-34）。这为之后的分析与操作提供了极大的方便。

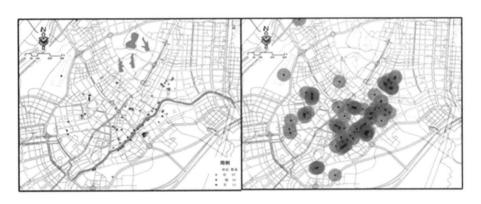

图 6-34　GIS 平台上公共艺术作品数据的整理与输出　（来源：作者自绘）

6.5.3　宣传与推广

宣传是城市公共艺术项目运作组织的重要环节，在公共艺术推广初期更是肩负着概念普及、教育的必要工作。西方公共艺术的成就多来源于其广泛的宣传。以美国为例，1982 年加利福尼亚州的沙加满都市举办了为期 6 周的雕塑展，通过电视新闻媒体、演讲活动等对其进行了广泛的宣传，对公众了解公共艺术的概念起到了很大的推动作用，并且通过公民投票顺利通过了百分比艺术计划（季峰，2009）。

宣传的层面和对象极为广泛。对艺术和设计专业人士而言，这可以让职业参与者更清楚彼此的工作程序和内容，吸引更多的人参与其中；对普通大众而言，可使他们增加对艺术建设的了解和认知、对公共事业的支持和参与的积极性；对儿童而言，可培养他们的艺术鉴赏能力，使他们热爱生活，并建立多元和包容的观念（图 6-35）。

图 6-35 公共艺术对儿童的教育作用（智利圣地亚哥）（来源：作者自摄）

通过各种传媒手段进行宣传可以争取更大范围的认同。常见的宣传方式有印发宣传册和海报、举办艺术活动、向全社会公开征集艺术方案等（图6-36），而网络媒体宣传也逐渐成为一种高效的宣传手段。

图 6-36 公共艺术专题展海报 ❶

此外，公共艺术的欣赏路线与庆典活动也是城市公共艺术规划中理应被考虑的重要一环。针对城市公共艺术的欣赏路线的设立，对游赏项目整合、城市文化串联、公共空间优化、艺术路线组织、观赏群众的发掘与管理，都

---

❶ 图片来源：左图来自人民网http://art.people.com.cn/n1/2016/0107/c206244-28024526.html；右图来自雅昌艺术网http://www.cnarts.net/cweb/news/read.asp?id=303790

有着不小的作用。同时欣赏路线也正是城市公共艺术规划里的一部分，使公共艺术由点串线，由线到面，在整体布局上产生合理性和共鸣性，通过整体的作用，最大限度地发挥公共艺术作品在城市中的影响力。

通过为城市公共艺术品举办庆典活动，可以渲染气氛，强化公共艺术品的影响力；也可以在公众群体中起到集中宣传与教育的作用，以社会活动的形式将公共艺术规划的价值推广出去；同时，成功的庆典活动还可能具有较高的传播价值，从而进一步提高城市公共艺术的知名度和美誉度。同时，庆典活动也可以引起三大效应：（1）引力效应：指公共艺术品通过庆典活动吸引公众的注意力；（2）魅力效应：指通过举办大型庆典，展现公共艺术强大的文化魅力，以增强公众的文化素养；（3）推力效应：开展大型庆典，能推动公共艺术规划的发展，提高城市公共艺术的质量和水平，并将公共艺术推向社会，使其产生知名度和美誉度，形成城市独特的文化凝聚力。通常可以利用传统节庆日和纪念日，以及典礼庆典等绝好的活动时机，或专门开展相应的公共艺术文化庆典，大力宣传和推介城市公共空间中优质的公共艺术品，传播公共艺术的文化理念、空间哲学和城市价值，使社会公众了解、熟悉进而支持公共艺术的发展。

案例：德围的卡塞尔市当代艺术国际文献展

在德国卡塞尔市每隔四五年会举办一次全球闻名的当代艺术国际文献展，这是靠制度性的学术所支撑的公共艺术展。卡塞尔市的公共艺术作品其实很少，但在文献展期间，那里的公共空间里到处是艺术品。这些作品都是展览期间短期陈列的，当然，有的杰出作品也被挽留下来，永久性地立在公共空间中。德国的公共艺术展很前卫，那里的公共艺术品往往会对全世界具有指导和前瞻的意义（图6-37）。

自1972年的第五届文献展起，展览空间从原先的弗里德里希阿鲁门博物馆扩展到整个卡塞尔城。从展览的主题来看，从"艺术在传媒社会中的身份与定位"（1977年）、"将艺术从各种束缚与激变中解放出来"（1982年）到世纪之交的1997年的"在全球化的时代—当代艺术实践—体现出审美与政治的双重力量"，再到21世纪伊始的2002年的聚焦后殖民时期"文化本土化和全球其他认知系统的相互作用"，文献展注重建立艺术与公众的关系，探讨当前艺术的自身发展，关乎社会和政治环境对艺术角色的影响。作品广泛关注和探讨社会、经济、政治和全球化，力图呈现一幅百科全书式的当代前卫艺术图景。每一届的文献展成为全球最重要的三大当代艺术盛事之一，与意大利威尼斯双年展和巴西圣保罗双年展齐名。

制度化的学术性公共艺术展可以达到"一箭数雕"的效果，首先为市民献上一道道高水平的精神大餐，不断地普及公共艺术知识，凝聚公众对家园的认同感；还为社会培养艺术人才，为美化城市积累优秀的作品，需要公共艺术品的环境和单位可直接在展览上采购；还应值得注意的就是因展示活动而形成的社会热点带来的商业与旅游的经济效益也是可观的。

图 6-37　提诺·赛格尔在 2012 年第十三届文献展上的作品《这是变化》

资料与图片来源：艺术中国网站 http://art.china.cn/zixun/2015-07/20/content_8085244.htm

6.5.4　后期公众参与

后期公众参与可以对公共艺术建成后的维护管理起到很大的帮助作用。一般来说，主要有三种途径可以实现。

1. 参与公共艺术品维护工作的监督

公众不仅享有对公共艺术品设置与欣赏的权利，也具有对公共艺术品自发维护的责任，由此才能保障城市整体公共艺术规划的成果。

在公众参与的过程中，赋予公众对该公共艺术品维护工作的监督权利，不仅在一定程度上提高了公众对公共艺术品的保护意识，更能有效地加强社会监督，减少人为破坏等行为的出现。而监督工作也使得公众自发自律地去爱护公共空间中的公共艺术品，关注城市空间的整体和谐风貌，维护城市公共艺术规划的质量与成果，自觉重视公共生活空间的改善。

公共艺术品维护工作的监督是公众参与中非常重要的一环。可以在区域内设立艺术品损毁举报箱与意见箱，对已经出现破损与毁坏的公共艺术品，由公众自发举报并监督参与修复工作；对部分群众出现的破坏行为，赋予公众检举的渠道与自发监管的义务；同时也可以设立公共艺术品维护监管网站，开通公共艺术品维护监督热线，让公众有更多便捷的渠道参与到维护工作中来。

2. 参与公共艺术的用后评价

在后期工作中，公众对艺术作品的评价与反馈是非常重要的一个环节，在这个阶段获取的经验可以对整个过程和机制做出中肯的评价和合适的修正意见。评价内容可以包括艺术作品的设置是否对应公众的需要、是否满足情感需求、是否符合当地文化、是否与公共空间的尺度相符等多方面。此外还可以开展公众评选,对已建的艺术作品进行审视。评选时,一般举办征选作品公开展览及说明会;或通过问卷和票选的形式开展意见调查。评选过程可以归纳为:展览展示初选结果、艺术家现场导览解说、问卷调查收集民意、评选出最受欢迎的艺术品予以奖励和公示宣传。通过回顾上轮规划过程,调整参与策略,填补机制中的不足,形成整个阶段的良性动态框架(董奇,2015)。

案例:布朗克斯区 Walton 高级中学

美国纽约布朗克斯区公立 Walton 高级中学内有一个由艺术家 Zweig 创作的公共艺术。整件作品是由 12 个铜制的信箱组成,地点设置在学校大厅的两面墙上(图 6-38)。每个信箱上面分别写着"希望""恐惧""梦想""秘密""问题""意见""烦恼""幻想""抱怨""困扰"以及"想法"。作者 Janet Zweig 鼓励学生写下想法,并投至合适的信箱中,再由学生编辑小组编辑发行,并将信笺以年为单位集结成册。借由此项参与活动,公共艺术的寿命不再只是短短几年,校园里也形成另一种发声的管道,相信有更多精彩的故事会因为这件作品而在校园发生。

图 6-38　Walton 高级中学内 Zweig 创作的公共艺术 ❶

参考来源:何镜堂、郭卫宏,2007

3. 通过举办活动延长参与时效

公共艺术设置完成后,可以通过举办相关的活动来延长公众参与的时效,增加大众对所设置公共艺术的认知。例如,可以通过举办公共艺术摄影比赛,吸引公众对城市公共艺术的注意。同时,通过公众拍摄的照片也可以了解哪

---

❶　图片来源:http://www.janetzweig.com/

些公共艺术作品更受到公众的关注。此外，也可以通过举办创意公共艺术品变装活动，在不破坏作品的前提下，发挥公众的创意，为公共艺术带来新的风貌或新的意义（何镜堂、郭卫宏，2007）。

6.5.5 维护建议

在艺术家对公共艺术创造的整体过程中，由于艺术家自身作为艺术品的创作者和设计者，对艺术品的建设、构造、创意、材质等熟悉程度要远甚于普通民众与管理者。因此，最后一个重要的责任与环节在于艺术家应当对公共艺术建成使用后的维护提供指导与建议。这包括艺术品材质的分析说明、布置位置地形地貌的分析、艺术品构造的工程分析等。

应该逐步完善并且形成应有的责任与规范，使得艺术家的专业知识能够在艺术品日后的维护工作中发挥作用。同时也满足公共艺术品在户外布置中所面临的维护需求，符合当前的可持续发展原则。因此，艺术家可以在艺术品建成之后，以设计者的身份给出详尽的维护说明，并成文入库，方便日常维护与管理。例如，在美国 Clearwater 市的公共艺术与设计总体规划（City of Clearwater，2007）中就提出，艺术家应该为公共艺术品的维护提供建议，包括维护手段和方案，这也将成为这份公共艺术与设计计划的政策，鼓励公共艺术的设计能够得到维护。

当然，公共艺术需要维护。但从另一方面而言，公共艺术的设置也不是一成不变的。应该设置退场机制，定期对城市中的公共艺术品进行诊断考察，评价整体的布局状况与潜力等（何镜堂、郭卫宏，2007）。

6.6 公共艺术规划策略

与其他城市专项规划不同，公共艺术规划有其本身的特殊性。研究基于实践层面对公共艺术规划的前期、中期、后期行动纲领的探讨，对公共艺术规划提出三条具体的策略：合理设置艺术品题材，强化本土历史文化的传承与创新；优化艺术品的公共参与渠道，培育本土的设计师文化；以公共艺术设施化策略，推动艺术融入日常生活。

1.合理设置艺术品题材，强化本土历史文化的传承与创新

我国城市本土文化包括宗教、风土民情、众生群像、民间俚曲、礼俗好尚等方面，具有独特性、多样性、民族性、地方性、原始性等特点，是本地区所特有的文化传承，也是本地区的标志。中国城市公共艺术规划的编制是面临失去个性的众多城市应思考的问题。艺术的宗旨是创造，如果在公共艺术规划编制中缺乏创造性，沿袭过去一味追求快速的城市建设心态和思路，

会导致宏观层面的艺术缺席，是根本性的悲哀。邓乐就曾提出，如果在城市公共艺术规划编制这一最重要的艺术环节中，以中外艺术史的发展眼光，尊重艺术的创造，注入区域城市的特殊历史和地方文化的独特个性，对我们的民族创造力与城市文化都会有创造性的贡献，也是城市公共艺术规划编制对城市最重要的思路❶。

尽管在公共艺术中反映当地的文化和历史已经是一种共识，但在国内的规划中基本上只有原则性的规定，没有具体内容的限定。在程序设计中，原则上应要求艺术家在一个个具体案例中实现当地文化表达的要求。在城市雕塑中，一些公共艺术较发达的城市往往含有大量表现本土文化的雕塑，这些雕塑形象直观地重现了城市古代的人文历史。一个雕塑一段故事，城市雕塑仿佛将一个个鲜活的历史人物、一桩桩动人的历史故事跃然呈现于世人眼前，将城市生动有趣的历史、人文、民俗淋漓尽致地展现出来。笔者认为，如果能确保公共艺术项目反映周边社区的兴趣和本土文化，公众将更容易地参与到公共艺术项目的整个过程中，这也将使该项目建成后得到更好的认可和积极的反馈。

案例：比利时亨克广场

比利时亨克广场（图6-39）是一个集文化、创意、设计和休闲功能于一身的城市广场。其本身为一个煤矿地，经过重新修整和改造之后，原本与采矿相关的建筑成了文化项目的一大部分，其中包括大型剧院、电影院、餐厅和新建的亨克设计学院。广场用于举行各种大型活动，有助于提升该广场作为亨克市文化中心的地位。

广场包括了地表照明、喷水、喷雾设施、矿井塔以及可方便拆卸的座椅，设施景观的设计采用了折叠式设计的手法和特点。矿井塔共有两座，都被重新赋予了新用途。设计师设计了一条由旧矿井塔下方矿井走廊发展而来的参观路线，这条参观路线非常引人入胜，穿越旧有的煤矿接待建筑，一直延伸到最新最高的矿井塔上方，可观赏到绝佳的景观。

在建筑用砖上，广场地面铺上了形状不规则的黑色石板（指代有"黑金"之称的煤），这些黑色石板是在开采煤矿过程中产生的废料，在这组成了不规则的图案。在家具设计上，因广场是市文化中心，需举办各种大型活动，所以座椅采用了特殊的装置，能够方便地拆卸以腾出更多空间。且座椅不同的排列方式满足了不同行人的需求：可以和旁边的人紧挨着坐，也可以各自单独坐；可以面对面坐，也可以背靠背坐。用折叠式的不锈钢板制成的椅子和

❶ 参考来源：http://www.njliaohua.com/lhd_9tn212luh07916095d5y_1.html

凳子如钻石般闪耀，与黑色地面的广场形成鲜明对比。这些座椅的内部和后面都涂上了红色的粉末涂层，涂层下有灯光照明，在夜间会发出一种温暖的红晕包围着座椅，营造浪漫温馨的情调。

此外，由于亨克广场是亨克市的文化中心，需要有足够的空间和场地来举办各种各样的活动。因此，对于场地内座椅的要求，就是这些座椅应该是可移动的、易去除的。为此，每个座椅都是用螺栓固定，这样做的目的是不仅可以方便移动，而且能够不在场地上留下痕迹。

图 6-39　亨克广场 ❶

参考来源：广州市唐艺文化传播有限公司，2012

2. 优化艺术品的公共参与渠道，培育本土的设计师文化

公民社会，公众具有知情权，公共艺术最终要面对可以分享公共空间资源的每一个人。因此，公共艺术从规划编制、设计、建造开始，就应该对公众公开。将城市公共艺术编制向公众公开征求意见，让公众多了解城市的未来，使公众获得知晓权，这也是体现公共艺术内涵的一种积极方式。

至于公决，虽然城市公共艺术规划编制对城市、公众、公共艺术家非常重要，但目前还没有重要到让全体人民来公决的程度。邓乐就建议了一种比较可行的办法，选择能代表公共意志的各方代表来对一件关乎城市形象、公共精神、审美标准的公共艺术规划进行探讨，这是非常有必要的。虽然这些代表不一定都是艺术方面的专家，但他们却是未来城市公共艺术最直接的观众。他们的意见能在形成初期提出来，实际是给规划师一个修正的机会，也给公共机构的决策者一个尊重公众的机会，更体现了公民社会的价值观 ❷。此外，公共艺术的发展除了需要一个能使其生根发芽的土壤外，本地艺术家在公共思想上的觉悟，对公共艺术的推动也具有同样重要的作用。因此，通过对本土艺术家的鼓励与培养，使他们在充分认识公共空间综合性的基础上来展示自己的艺术造诣，创作出满足公共空间综合性要求的作品也是一种重要

---

❶　图片来源：筑龙图酷网站http://photo.zhulong.com/ylmobile/detail120950.html

❷　参考来源：http://www.njliaohua.com/lhd_9tn212luh07916095d5y_1.html

的策略。

案例一：奔牛国际公共艺术展

从 1999 年的芝加哥、2000 年的纽约，到之后的巴黎、伦敦、布拉格、东京、台北、罗马等城市，"奔牛艺术展"（COWPARADE）已经在全球 79 个国际城市成功举办。来自全球的 10000 余位艺术家、文化名流、娱乐明星共同参与，完成了超过 5000 头形形色色、充满创意的牛。历时 15 年，被认为是截至目前全球规模最大、参与创作人数最多的跨国公共艺术活动。

"奔牛上海"是在上海创作和展出牛的作品，让这些牛把艺术和快乐带到城市的每一个公共景观区域（图 6-40）。区别于此前那些在单一场所举办的公共艺术展，"奔牛上海"不仅将分布到城市的各个景观区域，还将围绕这些作品开展多种多样的与公众进行互动的活动。"奔牛上海"也以"推进儿童艺术教育"为具体的公益目标，开展一系列面向儿童的美术教育课程，并且联手参与的艺术家向公益组织捐赠了一批艺术牛作品并进行公开拍卖。活动包括面向儿童的小牛绘画创作课程和比赛，进入社区和商场的公开创作展示，以艺术牛作品为标志物的城市定向赛跑，甚至是一个以"对牛弹琴"为标题的音乐嘉年华等。

图 6-40　奔牛国际公共艺术展及其与公众的互动

资料与图片来源：http://art.china.cn/tongzhi/2014-08/26/content_7181500.htm；http://www.sh-artshow.cn/eastday/sh-artshow/mdyx/node740364/u1a8310969.html

主办方动员了数百位中国艺术家和知名人士参与到创作活动中来，活动同时也开展面向公众的创意征集。其中既有具备国际国内知名度的专业艺术家，也包括跨界的设计师，甚至是普通的市民。这也是 COWPARADE 这一公共艺术活动在全球举办形成的惯常做法，因为活动的宗旨就是"艺术、快乐、公益"（For Art，For Fun，For Charity）。主办方也发布了活动的官网（www.cowparade.com.cn），公众可以通过这个官网提交自己的创意设计稿。

"奔牛国际公共艺术展"不仅是一场声势浩大的跨国公共艺术，它更是国际上最有影响力的慈善公益活动之一。至今，全球各地的"奔牛国际公共艺术展"活动已经筹集超过3000万美元的慈善基金，"奔牛上海"同样也是一场年度慈善盛事。作为一张城市的文化名片，"奔牛"以"牛"为创作载体，结合当地特有的文化进行艺术创作，并与城市地标景观进行视觉艺术上的完美结合。当上海著名地标的图案出现在牛身上，或是奔牛们出现在上海各大地标景观时，"奔牛上海"也以此向世界展示上海的城市文脉、凸显城市个性、体现城市的人文关怀。

案例二：2015年台北地景公共艺术节：废弃公车玩创"艺"

2015年10月10日到12月6日，在台北市中正区林森北路27号的华山大草原举行了2015年台北地景公共艺术节：废弃公车玩创"艺"（图6-41）。该艺术节以"WHEN CITY GOES TO THE PEOPLE"为主题，将三辆废弃的公车艺术化为公共厨房、市民运动场以及鲜艳涂鸦车体的街头音乐厅。

艺术总站包括三件作品。分别是：（1）都市中的公共厨房——都市田园号。该艺术品结合都市农场与实验厨房的概念，运用回收材料建造了"自己的厨房"，通过"自己的食物自己种"的理念，推广了可食地景（edible landscape）的新概念。（2）市民运动场——作动转置机。该艺术品以现有的月台遗址作为踏板，在改造的公车中置入都市地景，转变人们体验都市环境的方式。（3）街头音乐厅——Boom ba la boom号。该公共艺术品结合涂鸦艺术与嘻哈音乐的元素，运用街头艺术的象征符号Boombox手提音响，转化为车体的主视觉创作概念，使台北街头文化艺术、城市地景与市民生活结合成为可能。在这三件公共艺术品中，举行的活动包括"寻找都市中的小农田""菜园旁的小餐桌，草地上共食计划""艺术总站的声音地景""行走茶屋小田园""街头嘻哈派对"等。

该艺术节结合乐团演出、地景艺术工作坊、创意市集与环境艺术讲座，通过公共艺术品与系列公共艺术活动的结合，呈现了台北市民的文化与生活。

图6-41　2015年台北地景公共艺术节的废弃公车艺术化作品

资料及图片来源：http://www.go2tw.cn/article/show/1086.html

3. 以公共艺术设施化策略，推动艺术融入日常生活

在两市的实地调查中发现，除了正式艺术品外，有很多潜在的艺术品。访谈中，许多市民在"对公共艺术品的偏好"中表达了对"又美观又实用"的艺术品的青睐，如艺术长廊。此外，"公共设施艺术化""与建筑、景观结合的公共艺术品"也是现在国际公共艺术发展的趋势。如果说"艺术百分比计划"是针对艺术家定制艺术品，体现了早期公共艺术模式的话，"艺术设施"现在已经将诸多城市公共设施包含其中，这些设施包括文化建筑、候车厅、地铁设施、公共座椅、街道家具等，如2008年北京奥运会奥运地铁支线所做的艺术化设计（图6-42）。这些设施的艺术化使得城市彰显出令人印象深刻的品味和文化个性，也反映了艺术介入城市公共空间的创新精神。此外，就价值感而言，公共设施的艺术化有利于增强城市的可识别性，培养居民的身份认同感。通过与城市公共设施的互动，丰富城市生活。从资金的角度而言，公共设施艺术化也使得城市公共艺术的发展更有资金渠道的保障。同时，公共艺术也不再是艺术家个人的自娱自乐，而是在与公众的互动中真正融入到城市生活中。

图6-42 奥运地铁支线艺术化设计 ❶

用艺术营造城市空间，更要用艺术激活城市空间，而公共设施的艺术化正是实现这一目的的重要手段。通过公共设施艺术化，推动艺术与公众日常生活的融合，实现艺术的物质化与动态化交互，建立城市的人文与场域精神，而不再仅仅是城市公共空间中静止的摆设。

案例一：澳大利亚南 Kurilpa 桥

2009年底，澳大利亚昆士兰州首府布里斯班市中央商务区建成了世界上最大的太阳能人行天桥——Kurilpa桥（图6-43）。该桥横跨布里斯班河，连接布里斯班市中央商务区和 South Bank 的艺术专区。Kurilpa桥看起来像编织针，桥上装置了先进的发光二极管（LED）照明系统，跨度470m，宽6.5m，

---

❶ 图片来源：http://roll.2008.sina.com.cn/photo_zt/4806/index_1.shtml

桥面厚度为 25cm，是世界上最长的步行天桥之一。这个由太阳提供能量的照明系统能够产生多种不同的灯光效果。LED 照明系统用于各种节日和沿河地段的照明，例如，用于每年在布里斯班河举行的 Riverfire 节上。在设计过程中，建筑师和奥雅纳的工程师合作，挑战工程学的极限，不论是结构、基础还是跨件，并将其艺术化，最后产生巨大的视觉张力。

Kurilpa 桥为行人考虑，交通便利，创造出新的空间体验，让河道升值，特别是对当地的土著居民而言具有重要意义。该桥连接在他们祖先渡河的地方，体现了一个旅程的故事与意义。此外，它不仅仅是一个新的行人与城市交通的廊道，还是一个新形式的公共空间，体现了昆士兰州在艺术、科学以及技术的前沿的身份象征。该桥属于城市文化振兴与生物多样性等计划下的产物，期望通过非一般的物理体型，在解决航道的限制、高速公路的途径的同时，优先考虑步行，倡导自行车出行以及健康生活的城市精神，并符合城市的休闲亚热带风情。设计从体现城市休闲精神和亚热带感出发，引用张拉力学实现每一个形式（管、悬拉、梁），表达城市的个性与活力，创造出公共空间的多样性。

这座桥为城市做出了突出贡献，特别是在步行和鼓励自行车方面。同时这座桥也是世界上唯一一座采用太阳能照明的人行天桥。该桥梁引起广泛关注，吸引了比预计多得多的人流。

图 6-43　澳大利亚南 Kurilpa 桥

资料与图片来源：http://blog.sina.com.cn/s/blog_673c8b9e01012wcl.html

案例二：日本街头窨井盖

艺术化的公共设施是体现一个城市细节的重要方面。以日本街头的窨井盖设计为例，虽然微小，却足以反映日本的城市经营理念。在日本，道路上的艺术窨井盖已经成为一座城市的名片（图 6-44）。在井盖上使用漂亮图案的传统是在 19 世纪 80 年代，由一个叫 Yasutake Kameda 的日本人开创的。Yasutake Kameda 是当时日本国家建筑事务所的一名建筑设计师。在那时，日本的城市下水道系统和现在的中国情况类似，成本昂贵，却毫不显眼，为了让这项庞大的政府工程受到更广泛的民众关注和普及，Yasutake Kameda 想到了让井盖表面更加视觉化的主意。因此，他鼓励各个城市、乡镇和农村自行开发具有本地特色的井盖设计。渐渐地，个性井盖在全日本流行起来。直到今天，还出现了很多的"井盖粉丝团"，他们成立自己的组织、网站、论坛，其狂热不亚于对动漫、流行音乐的追逐。

井盖上的图案约一半以上都是采用植物、树木、官方花卉作为图案，另外，动物、鸟，以及名胜美景、历史故事也常被作为设计题材。涵盖了城市的旅游信息、人文历史等。比如，作为历史名城的大阪是赏樱的热门地，大阪的井盖上描绘的就是樱花怒放的盛况。富士山脚下的静冈县有着数十种以富士山风景为主题的井盖设计，有富士山和樱花的组合，也有富士山和漂亮姑娘的组合。长野县有一条富有北国风情的街道，被评为古建筑保护群，其井盖上的图案就是小桥流水、古楼林立。京都和奈良是千年古都，井盖则以寺庙、神社为题材，画面构图与创意构思都非常有趣。在奈良还有一组"寓言故事"的主题井盖，描述了以前的人们如何开掘温泉、享用温泉的故事。有的地方还将土特产或手工艺品作为设计图案，比如北海道函馆市盛产墨鱼，井盖上就是三只跳舞的墨鱼娃娃。饭田市盛产苹果，井盖上设计了三个红艳的大苹果，让人一目了然。

此外，不同形状的井盖用途也有区别。比如消防栓的井盖大多是方形，上面刻有消防队员的卡通图案。不同的花纹还有利于明确各行政主体的管辖范畴。市、区、町各级别政府管理的下水道，在井盖上分别采用市花、区花、町花，一旦需要维修，很快就能识别责任主体。如果是私家用地的下水道，则会在井盖上标有"私"字以示区别。在日本的车站、广场、商店街、观光场所等人群集中的地方，大多铺上了鲜艳夺目的彩色井盖，有的井盖还装上了彩色暗灯。此外，在东京都的一些井盖中间刻有四四方方的菱形，菱形的四个角分别写有地名，为路人指示前进的方向。

看似平凡的小小井盖中隐藏着丰富多彩的信息。据说全日本目前有超过6000种不同的井盖设计，甚至建立了多家井盖博物馆。这样的设计，也让路人们眼前一亮，让路面不再乏味。

图 6-44　日本街头的窨井盖

资料与图片来源：http://site.douban.com/127452/widget/notes/5078389/note/175331369/

第七章 结论与展望

7.1 主要结论

随着快速城市化进程的深入，城市公共艺术规划的发展已经是一个不可避免的趋势。作为反映城市文化现象的一个重要方面，城市公共艺术的问题显得尤为突出。提高城市公共艺术的质量和水平，增强城市文化影响力已经在当代中国城市决策者中达成共识，中国各个城市为此都在进行不懈地努力和探索。城市公共艺术规划作为形成城市公共空间艺术品布置的一个决定性因素，越来越受到城市决策者的重视，公共艺术规划作为解决城市公共艺术问题的重要途径也在中国达成了共识。

在这样的背景下，本书对我国快速城市化影响下的公共艺术建设提出了以下五个方面的研究问题：（1）在城市公共艺术规划中应如何定义公共艺术？它和以往人们关注的城市雕塑有什么不同？（2）公共艺术品对一个城市具有怎样的作用？在快速城市化进程中如何通过公共艺术规划最大限度发挥其价值？（3）以杭州、义乌两市为实证调研案例，现有的公共艺术品状况如何？针对城市特有的地域性与文化性，今后新增艺术品的布局、选址和选题需要注意什么问题？该如何进行客观合理的公共艺术营建？（4）在公共艺术品的规划管理过程中，应该如何根据城市空间的特点处理资金来源、空间布局、分级分类控制、公众参与、日常维护管理等问题？（5）如何构建符合快速城市化特点的公共艺术品规划管理策略？

基于提出的问题，以理论研究为基础，以实践案例为依据，运用理论推演与实证相结合、文献搜索和实地调研、比较研究等方法，融合规划管理与艺术学两个学科的视角，对快速城市化进程下城市公共艺术规划策略进行分析，得出以下结论：

（1）在城市公共艺术规划中，公共艺术应采取广泛的定义，即无论是通过公共或私有的经费得到，只要是艺术家设计的、具有原创性的，安放在公共领域的物品就是公共艺术品。如果美术印刷品或照片的复制品在200件以上就不属于公共艺术品的范畴，除非它们是艺术家设计的有机组成部分。

公共艺术兴起于改善城市环境，强调场域性，其设计也更强调公众的参与意识。公共性成为公共艺术的核心诉求。随着时代的发展，公共艺术的范畴逐渐扩大。城市公共艺术已经与城市建设、居民小区建设紧密相连，公共艺术的概念已不再局限于城市雕塑，城市景观、城市设施等也成为公共艺术的一部分。现代意义上的公共艺术内涵广阔，寓意丰富，其表现形式也日益多元化。公共艺术并不拘泥于其艺术形态，关键在于它所代表的艺术思想与城市关系中的一种积极向上的价值取向。因此，在城市公共艺术专项规划中，应该在强调公共艺术公共性与原创性的基础上，从广义的层面对公共艺术进行定义。

（2）城市公共艺术的价值分为对外和对内两种类型。应该提高政府与规划设计师、艺术家等相关主体的认识水平，使公共艺术规划从片面重视艺术品的对外价值转向价值的内外兼具。对内价值应是今后一个重要的发展方向。

城市公共艺术品具有多方面、多层次的作用和价值，例如提升经济活力、改善城市环境、缔造城市景观、体现城市文化、丰富城市生活、促进城市公共文明、推动社会和谐、增强社区认同以及促进文化繁荣等。研究表明，西方在早期比较看重公共艺术在塑造城市形象、提高城市竞争力等方面的对外价值。近年来，很多政府开始重视公共艺术对内价值的潜力。例如，通过公共艺术的设置激励社区居民、提升城市的宜居性、吸引游客并成为社区自豪感的重要源泉、反映社区价值以及身份认同等。然而，通过对比可知，目前国内的大部分公共艺术规划还停留在西方早期的阶段，片面重视艺术品对外的价值，如帮助塑造城市形象、打造城市品牌、提高城市竞争力、推进文化旅游等。城市居民作为城市的主体，其需求更应该受到重视。因此，随着城市居民对生活品质的进一步追求，公共艺术规划应该转向重视公共艺术价值的内外兼具，对内价值同时也应该成为今后一个重要的发展方向。

（3）城市公共艺术应该基于城市片区的地域性与整体的文化性进行规划与营建。例如，在杭州的公共艺术设置中，应根据城市发展的特性进行分区营建。而在义乌的案例中，应通过城市文脉的挖掘，将文化嵌入城市公共艺术的营建中。

在各种自然与人文因素的综合作用下，一个城市会形成各种不同的空间发展模式与地域文化。从空间的角度而言，公共艺术的规划设计应该与城市宏观的空间地域性相匹配，为城市分区的营造起到积极作用。例如在杭州市的公共艺术分区营建中，历史街区的公共艺术题材应该选择与街区的地域性、民众日常生活话题契合度高的公共艺术，同时可以设置一些具有互动性寓意的公共艺术，提高公共艺术与公众的互动率。从城市文化嵌入的角度看，公共艺术的营建应该基于城市文脉的挖掘，展现城市特性与魅力。例如，在义乌公共艺术的规划中，可以通过以下两条思路进行营建：以城市空间性质为语境，营建具有地方文化特色的公共艺术空间体系；以微观空间设施为载体，营建具有城市人文关怀的公共艺术微观体验。本实证研究的优点在于详尽的案例调研。与前人的研究相比，无论是访谈法还是观察法，采用的不是概括性的描述，而是扎实的系统观察数据辅以问卷数据，发掘哪类艺术品受到更多的关注和喜爱，哪些艺术品存在问题；又从中微观空间属性、艺术品自身特色、维护情况等方面说明原因。

（4）城市公共艺术规划应该基于公共艺术发展的三大目标：提升城市软实力、反映时代精神、融入日常生活，具体包括政策支撑、现状调研、总体规划布局与实施计划、片区空间分析与规划控制引导、深化公众参与措施、多部门合作机制六个方面。基于规划内容的确定，提出公共艺术发展建设的策略框架，纵向参与主体由政府、公众和艺术家组成，横向基础研究轴为艺术品生命周期轴，即艺术品的前期规划、中期实施与后期管理。

具体而言，公共艺术规划的前期行动纲领包括资金来源的保障、部门合作机制、空间管理策略、近中远期建设、主题征集与选择、前期公众参与以及艺术家参与本土文化特色的提炼等；中期行动纲领包括艺术品公共性审查、原创性审查、中期公众参与以及公共艺术竞赛机制等；后期行动纲领包括艺术品的日常维护管理、信息数据库的建立、公共艺术的宣传与推广、后期公众参与以及艺术家提供艺术品维护建议等。

（5）基于公共艺术规划前期、中期、后期行动纲领的探讨，对公共艺术规划提出三条具体的策略：合理设置艺术品题材，强化本土历史文化的传承与创新；优化艺术品的公共参与渠道，培育本土的设计师文化；以公共艺术设施化策略，推动艺术融入日常生活。

首先，艺术的宗旨是创造，公共艺术规划编制中创造性的缺失是从宏观层面就失控、失误的体现。尊重艺术的创造，注入区域城市的特殊历史和地方文化的独特个性，是城市公共艺术规划编制最重要的思路。

其次，公共艺术最终要面对可以分享公共空间资源的每一个公民。因此，公共艺术从规划编制、设计、建设开始，就应该对公众公开。将城市公共艺术规划编制公开向公众征求意见，让公众多了解城市的未来，使公众获得知晓权，这也是体现公共艺术内涵的一种积极方式。公共艺术的发展除了需要公众的积极参与外，本地艺术家在公共思想上的觉悟，对公共艺术的推动也具有同样重要的作用。因此，通过对本土艺术家的鼓励与培养，使他们在充分认识公共空间综合性的基础上来展示自己的艺术造诣，创作出满足公共空间综合性要求的作品也是一种重要的策略。

此外，公共设施艺术化已经将诸多城市公共设施包含其中，包括文化建筑、候车厅、地铁设施、公共座椅、街道家具等。这些设施的艺术化使得城市彰显出令人印象深刻的品位和文化个性，也反映了艺术介入城市公共空间的创新精神。公共设施的艺术化有利于增强城市的可识别性，培养居民的身份认同感，丰富城市生活，实现用艺术激活城市空间的目的。同时，通过公共设施艺术化，推动艺术与公众日常生活的融合，实现艺术的物质化与动态化交互，建立城市的人文与场域精神，使公共艺术不再仅仅是城市公共空间中静止的摆设。

面对城市公共艺术特色丧失和艺术品质量低下等现象，必须从城市公共艺术规划与管理方面寻求解决途径。在经历早期对于城市公共艺术特色的无意识状态后，随着城市建设品质层面的需求，公共艺术的发展逐步受到重视，但仍存在不少问题。当前政府主导型的城市规划过程，受到各种利益群体的强烈介入。

如何克服规划实施过程中的重重障碍，坚持规划目标的一贯性，把握好规划目标刚性与实施弹性的统一，需要政府协调好全局利益与长远目标及眼前利益。规划部门与城市政府、横向部门之间需要有良性互动关系。规划的实施还有赖于建立社会协调机制与争议监督机制，同时应培育好具备专业技术与职业精神的政府规划师团队。必须从单一的政府主导，逐步过渡到建立与完善社会协同机制，才能更好地解决城市公共艺术规划问题。

公共艺术的发展对城市文化持续健康发展具有十分重要的意义。公共艺术的规划与管理工作对于城市公共艺术的建设与维护极具影响力，发挥着引领城市文化发展方向的作用。规划是政府履行行政管理职能的重要手段，并通过对公共艺术规划方案的编制、实施、监督，将城市公共艺术规划方案变为现实，成为塑造城市公共空间的决定力量。城市的决策者必须有长远的视野，要尽量克服任期制带来的短视行为，规划的专业性和科学性必须得到尊重和重视，并成为城市决策者的主要技术支撑。

根据城市公共艺术建设多部门、跨学科参与的特点，在公共艺术建设中，本书提出尽快颁布一系列保障公共艺术资金来源的鼓励政策，成立城市公共艺术管理委员会和技术审查委员会等职能部门。在建设中，各管理部门必须组成统一的协调机构，对所有实施项目实行统一管理，并且与各专业人员密切配合，共同致力于城市公共艺术的各项工作。鼓励公众参与，创造出更多符合时代特点和城市本土文化的作品，以期全面彰显城市公共艺术的价值和意义。

7.2 创新之处

本书的创新之处在于其全面性和系统性。首先，通过探讨快速城市化过程中我国公共艺术规划演进的方式、类型、动力成因、发生规律等，从理论及实证两方面对政策制定、规划管理和公共艺术设计提供新的视角，改进现有的公共艺术布局，提高发展水平，并引导公共艺术规划未来的发展方向。其次，研究了快速城市化对公共艺术的影响，并从文化引导等角度分析了城市化进程下公共艺术对城市发展的积极作用，以及公共艺术规划在快速城市化进程中的重要价值。接着，在实践层面，对杭州和义乌两市的公共艺术现状及居民文化需求进行实地调查。有别于前人统计性、概括性的研究描述，以扎实的系统观察数据辅以问卷数据，发掘哪类艺术品受到更多的关注和喜爱，哪些艺术品存在问题，并从中微观空间属性、艺术品自身特色、维护情况等方面说明原因。最后，构建了公共艺术规划管理与策略的初步模型，从政府、公众、艺术家三个角度，分前、中、后三个阶段，提出运用空间管理弹性控制、公共艺术主题选择、公共参与等机制与手段，来引导城市未来的公共艺术规划，并探讨公共艺术规划与城市文化、城市发展潜力之间的关系。

7.3 研究展望

随着我国城市化的快速发展，公共艺术的概念也随着时代而演进，所涵盖的范围也随着科技和文化的拓展而更加宽泛。随着现代化、科技化和城市化的高速推进，现代艺术表现形式逐渐多元化。艺术表现媒介的科技化、人类社会生活模式的变更交替以及两者的交互发展，使得公共艺术规划有着更多需要我们去探究和发展的研究议题。例如，地铁公共艺术规划、动漫公共艺术规划、下级村镇公共艺术规划、公共艺术规划中传统文化景观因素的体现、公共艺术品收费与施工机制的研究、公共艺术规划中的安全问题等。

地铁与地铁空间中公共艺术规划的需求。随着新城市聚合体的不断涌现，人们对现代交通方式表现出了更多的期望。地铁的出现和建设事关城市未来发展的全局战略，对于增创发展新优势、完善城市功能、优化发展环境、提高城市品位和人民群众生活品质等方面，都具有重大的现实意义和重要的战略影响。而地铁作为城市交通的门户，其特殊的空间位置，不同于常规的城市公共空间内的公共艺术规划，更基于其空间形态发展出了专门的地铁公共艺术规划。地铁作为一个城市人口流动的巨大载体，艺术与传播的作用非常显著，地铁区域的公共艺术规划也应当得以重视。

动漫产业的兴起与动漫公共艺术规划的尝试。近年来，随着动漫、电子游戏等文创类产业的兴起，动漫由于其生动形象的优点而在文化传播中被广泛运用。如今，动漫等宣传形式也在公共艺术学科中以雕塑、城市壁画、墙画等表现方式逐渐被政府与民众接受和喜爱。动漫逐步成为公共艺术一种新的文化作品形式，并拥有着广泛的影响力和不可小觑的价值。

国外城市公共艺术方向已经拓展出不少成功的公共动漫艺术规划范例，例如日本熊本县的熊本熊吉祥物，这种代表城市文化的动漫人物在城市公共文化中的宣传与有效规划，直接带动了当地的文化经济，并形成了一种新的经济形势——吉祥物文化经济。同时动漫与游戏文化随着城市化中居民高速推进的网络生活，也逐渐走上主流，如今动漫公共艺术规划也应得到尝试与探讨。

下级村镇公共艺术规划。随着国家政策的调整，建设社会主义新农村成为农村发展的主要方向，而良好的乡村公共艺术是一个地区文明水平的直接体现。下级村镇的公共空间是广大农民基本的生产生活场所，其建设水平是农民生活水平的直接反映。因此，下级村镇公共艺术规划应该成为未来的一个研究议题。同时，在进行新区与新农村公共艺术规划的过程中，也要做到公开、公正、公平。从本质上来讲，公共艺术从概念策划和规划编制阶段开始，就必须对市民与本地居民公开。选择能代表公共意志的各方代表，对关乎城市形象、公共精神、审美标准的公共艺术规划提出意见。让公众了解他们自身环境的未来，这本身也是体现公共艺术内涵的一种积极方式，更体现了公民社会与和谐社会的价值标准。但是，结合我国发展的现实因素，需在多大程度上能保证做到公共艺术规划过程的公开、公正与公平？通过何种政策措施来保证？其积极意义与消极影响又体现在哪些方面？这些都是需要深入探讨的问题。

公共艺术规划中传统文化景观因素的体现。古老的中国土地上，由于世代人的栖居与耕作，留存了丰富的乡土遗产景观，这些景观与他们的祖先和先贤的灵魂一起，构成了中华民族草根信仰的基础。然而，在过去城镇化和乡村建设的过程中，由于认识问题的肤浅和缺乏科学发展观的指导，本土的乡土生态和文化景观遭到破坏，脆弱的中国大地生态景观和不可或缺的乡土遗产景观惨遭泯灭。那么在具体的规划实践中，通过怎样的规划控制手段和政策措施来保障传统文化和乡村景观？又如何通过艺术家的手段内化在新区与新农村的物质环境建设之中？显然这些都是能够激起中国学者更多思考的关键点。

公共艺术品收费与实施机制的研究。城市公共艺术建设项目不同于各类建筑设计的收费和施工，建筑设计有其明确的收费标准和施工定额，而公共艺术作品的设计和建设却没有一个明确和透明的定价体系。因此，在城市公共艺术建设的商务谈判阶段也往往会在设计费和制作费等方面产生较大的分歧。为避免这种可预知的矛盾，需要尽快建立城市公共艺术技术鉴定专家工作机构或权威的仲裁机构，为城市公共艺术规划、公共艺术品项目建设决策提供有力的技术支持和体系保障。

公共艺术规划中的安全问题。随着新型材料的运用以及城市公共艺术品独特造型的需要，公共艺术作品的形态和材料经常会出现结构安全等问题。这就需要建筑以及结构工程师的专业分析和运算，确保艺术作品特别是巨型雕塑作品能够拥有坚固的结构，增加公共安全性。因此，规划中的公共安全也成为一个值得关注的问题。

城市公共艺术是综合性很强的研究，涉及广泛，仍有许多问题值得深入探讨并作专题研究。本研究希望能起到抛砖引玉的作用，通过对当前国内外公共艺术相关理论和实践的总结，对我国城市公共艺术的发展和规划提出一些指导性的建议和策略，以推动我国城市公共艺术规划向新的进程迈进。

附 录

一、调研访谈样表

```
片区：
编号：
时间：
调查者：
```

1. 请问您是：住在这附近 / 在附近工作？是否熟悉附近？
A. 是　　　　　　　　　B. 否

2. 您能想起来周边的公共空间中有什么公共艺术品吗？您觉得这些艺术品的品质如何？
总体印象：○很熟悉　　　　○一般　　　　　○不清楚
总体评价：○很好　　　　　○一般　　　　　○不太行

3. 出示 9 张艺术品照片（后页），以此判断：
有印象 / 无印象；
喜欢 / 一般 / 不喜欢

4. 您有没有和朋友家人讨论过这些艺术品？
A. 经常　　　　　　　　B. 很少　　　　　　　C. 没有

5. 您觉得这些公共艺术品对城市生活有无积极效应？
A. 有　　　　　　　　　B. 不清楚　　　　　　C. 没有
您所赞同的积极影响包括（多选）：
○ 吸引游客，增加城市竞争力
○ 改善城市环境

○ 提升居民的自豪感和归属感

○ _____

6. 您觉得杭州艺术品的分布情况是否均匀和公平？

A. 是

B. 否，缺少艺术品的地点（多选）:

○ 城市入口和主要节点

○ 城市街道

○ 公园

○ 社区

○ 公共建筑室内外

7. 您是否支持政府在您的社区附近增加公共艺术品？

A. 支持   B. 无所谓   C. 不支持

8. 您是否愿意参与有关公共艺术设计的咨询讨论？

A. 我会参与   B. 我想被告知   C. 不愿意

9. 喜欢的公共艺术品类型

A. 雕塑

B. 壁画

C. 与功能设施结合的艺术

D. 与建筑、景观一体化的艺术

被访者资料

本地人 / 游客

性别: 男 / 女

年龄:

青少年(<18 岁)/ 成年人(18~60 岁)/ 老年人(>60 岁)

教育程度:

本科以下 / 本科 / 本科以上

二、部分调研案例数据

南宋御街与河坊街区块（历史街区）

编号		B-1	B-2	B-3
名称＆图片		岳飞铜像	四世同堂群雕	活字印刷术
类型/题材		雕塑（纪念性）	雕塑（民俗场景型）	雕塑（纪念性）
材质		青铜	青铜、石材	石材
具体地点		中山中路（南宋御街）工商银行路口处	沿中山中路（南宋御街）到清河坊的过街天桥旁	沿中山中路（南宋御街）到清河坊的道路旁
作品描述	设计人/承建	浙江禾谷造型艺术有限公司	铭牌丢失	—
	建成年代	2000	铭牌丢失	—
布局类型		十字路口旁中型硬地上	主要步行道旁小型硬地上	主要步行道旁
布局评价	A.可达性：能被公众自由到达	可达	可达	可达
	B.可视性：安置在具有最大可见范围的场地	可视	可视	可视
	C.拥有较高步行流量（观察1小时内通过人数）	605	868	894
品质评价	D.居民认可度（喜欢、一般、不喜欢）	一般	喜欢	一般
	E.维护情况（良好、损坏）	丢失铭牌	铭牌丢失，有乱涂乱画现象	良好
公共性评价	F.艺术品能吸引人流并激发场地活力（观察行为）工作日双休日停留与路过比	16.9%，48.2%	29.4%，33.2%	12.2%，17.1%
	G.成为该地区地标（访谈中居民认知情况）	熟悉	熟悉	熟悉

编号	B-4	B-5
名称 & 图片	 新中国第一个居委会	 百姓生活群雕
类型 / 题材	浮雕（纪念性）	雕塑（民俗场景型）
材质	石材	青铜
具体地点	中山中路和惠民路交叉口东侧坊墙	清河坊街中段路路边，武大郎烧饼摊旁

作品描述			
	设计人 / 承建	—	—
	建成年代	—	—

布局类型	街道旁	主要步行道旁

布局评价	A. 可达性：能被公众自由到达	可达	可达
	B. 可视性：安置在具有最大可见范围的场地	可视性不佳	可视
	C. 拥有较高步行流量（观察1小时内通过人数）	1412	2639
品质评价	D. 居民认可度（喜欢、一般、不喜欢）	一般	喜欢
	E. 维护情况（良好、损坏）	丢失铭牌	良好
公共性评价	F. 艺术品能吸引人流并激发场地活力（观察行为） 工作日双休日停留与路过比	3.3%，1.4%	21.5%，29.4%
	G. 成为该地区地标（访谈中居民认知情况）	熟悉	熟悉

编号		B-6	B-7	B-8
名称 & 图片		清河百子弥勒	清河坊	中国最佳旅游城市
类型 / 题材		雕塑（趣味装饰型）	与建筑结合的公共艺术品（纪念性）（民俗场景型）	雕塑（纪念性）
材质		金属	木材	青铜
具体地点		清河坊街西段路中央，民俗艺术博物馆门口	清河坊街西端入口标志	从清河坊街到吴山广场的步道旁草地上
作品描述	设计人 / 承建	浙江禾谷造型艺术有限公司	铭牌丢失	—
	建成年代	2000	铭牌丢失	—
布局类型		主要步行道路道路中央	主要步行道路口处	广场边缘
布局评价	A. 可达性：能被公众自由到达	可达	可达	不允许到达
	B. 可视性：安置在具有最大可见范围的场地	可视	可视	可视
	C. 拥有较高步行流量（观察 1 小时内通过人数）	3992	3147	2257
品质评价	D. 居民认可度（喜欢、一般、不喜欢）	一般	一般	一般
	E. 维护情况（良好、损坏）	丢失铭牌	铭牌丢失，有乱涂乱画现象	良好
公共性评价	F. 艺术品能吸引人流并激发场地活力（观察行为）工作日双休日停留与路过比	34.3%，30.1%	15.5%，12.3%	3%，7.6%
	G. 成为该地区地标（访谈中居民认知情况）	熟悉	熟悉	熟悉

城北区域（老区）

1. 京杭大运河区块

编号	C-1	C-2	C-3
名称 & 图片	桥下壁画	母子雕塑	三岔口片墙
类型 / 题材	雕塑（装饰性）	雕塑（装饰型）	雕塑（趣味装饰型）
材质	石质	金属	石质
具体地点	潮王桥下	从潮王桥到和平广场小道路旁	从潮王桥到和平广场小道路旁
作品描述 设计人 / 承建	—	—	—
作品描述 建成年代	—	—	—
布局类型	桥下空间步行道旁	主要步行道旁灌木丛中	主要步行道三岔口
布局评价 A. 可达性：能被公众自由到达	可达	可达	可达
布局评价 B. 可视性：安置在具有最大可见范围的场地	是	是	是
布局评价 C. 拥有较高步行流量（观察 1 小时内通过人数）	308	343	332
品质评价 D. 居民认可度（喜欢、一般、不喜欢）	访谈 15 人 80% 喜欢	访谈 15 人 33% 喜欢	访谈 15 人 13% 喜欢
品质评价 E. 维护情况（良好、损坏）	良好	良好	中度破损
公共性评价 F. 艺术品能吸引人流并激发场地活力（观察行为）	124	23	35
公共性评价 G. 成为该地区地标（访谈中居民认知情况）	90% 有印象	80% 有印象	13% 有印象

160

编号	C-4	C-5	C-6
名称 & 图片	卵石凳	陶瓷柱	运河石牌坊
类型 / 题材	雕塑（实用型）	雕塑（抽象装饰型）	雕塑（文化装饰型）
材质	石质	陶瓷	石质
具体地点	西湖文化广场附近	西湖文化广场小路边	拱宸桥文化广场靠近运河一侧
作品描述 设计人 / 承建	—	—	—
作品描述 建成年代	—	—	—
布局类型	主要步行道旁小型硬地上	主要步行道旁小型硬地上	运河旁
布局评价 A. 可达性：能被公众自由到达	可达	可达	可达
布局评价 B. 可视性：安置在具有最大可见范围的场地	是	是	是
布局评价 C. 拥有较高步行流量（观察 1 小时内通过人数）	185	101	2191
品质评价 D. 居民认可度（喜欢、一般、不喜欢）	访谈 15 人 93% 喜欢	访谈 15 人 40% 喜欢	访谈 15 人 100% 喜欢
品质评价 E. 维护情况（良好、损坏）	良好	良好	良好
公共性评价 F. 艺术品能吸引人流并激发场地活力（工作日双休日停留与路过比）	70	33	105
公共性评价 G. 成为该地区地标（访谈中居民认知情况）	93% 有印象	40% 有印象	100% 有印象

编号		C-7	C-8	C-9
名称 & 图片		运河路面石雕	运河博物馆立面	桥柱浮雕
类型 / 题材		雕塑（装饰性）	雕塑（装饰型）	雕塑（文化装饰型）
材质		石质	青铜	石质
具体地点		西湖文化广场靠近运河一侧广场上	运河博物馆西南立面	登云路和运河交界的桥下
作品描述	设计人 / 承建	—	—	—
	建成年代	—	—	—
布局类型		广场中央	建筑立面	桥下
布局评价	A. 可达性：能被公众自由到达	可达	可达	可达
	B. 可视性：安置在具有最大可见范围的场地	是	是	是
	C. 拥有较高步行流量（观察 1 小时内通过人数）	2415	157	328
品质评价	D. 居民认可度（喜欢、一般、不喜欢）	访谈 15 人100% 喜欢	访谈 15 人40% 喜欢	访谈 15 人80% 喜欢
	E. 维护情况（良好、损坏）	良好	良好	良好
公共性评价	F. 艺术品能吸引人流并激发场地活力（观察行为）	135	68	68
	G. 成为该地区地标（访谈中居民认知情况）	100% 有印象	80% 有印象	47% 有印象

2. 米市巷区块

编号		E-1	E-2	E-3
名称 & 图片		自行车停靠点	齿轮座椅	小区雕塑
类型 / 题材		艺术化公共设施	艺术化公共设施	雕塑
材质		金属	金属	金属
具体地点		湖墅南路	湖墅南路	浅水湾小区内
作品描述	设计人 / 承建	—	—	—
	建成年代	—	—	—
	布局类型	主要步行道上	主要步行道上	小区内
布局评价	A. 可达性：能被公众自由到达	可达	可达	可达
	B. 可视性：安置在具有最大可见范围的场地	一般	一般	一般
	C. 拥有较高步行流量（观察 1 小时内通过人数）	流量较高	流量较高	极少
品质评价	D. 居民认可度（喜欢、一般、不喜欢）	65% 喜欢	71% 喜欢	大部分人觉得一般
	E. 维护情况（良好、损坏）	良好	良好	良好
公共性评价	F. 艺术品能吸引人流并激发场地活力（观察行为）			
	G. 成为该地区地标（访谈中居民认知情况）	90% 有印象	90% 有印象	45% 有印象

编号		E-4	E-5	E-6
名称 & 图片		米市巷场景雕塑	少女壁画	爷孙雕塑
类型 / 题材		雕塑	壁画	雕塑
材质		石材		石材
具体地点		湖墅南路（米市巷）	湖墅南路	夹城巷运河旁
作品描述	设计人 / 承建	—	—	—
	建成年代	—	—	—

编号		E-4	E-5	E-6
布局类型		主要步行道上，丁字路口转角	墙上	小广场
布局评价	A. 可达性：能被公众自由到达	可达	不可达	可达
	B. 可视性：安置在具有最大可见范围的场地	较好	一般	较好
	C. 拥有较高步行流量（观察1小时内通过人数）	流量较高	流量较高	较高
品质评价	D. 居民认可度（喜欢、一般、不喜欢）	90% 喜欢	大部分人觉得一般	喜欢
	E. 维护情况（良好、损坏）	良好	良好	良好
公共性评价	F. 艺术品能吸引人流并激发场地活力（观察行为）	有		有
	G. 成为该地区地标（访谈中居民认知情况）	95% 有印象	90% 有印象	60% 有印象

编号		E-7	E-8
名称 & 图片		品茗雕塑	吹笛雕塑
类型 / 题材		雕塑	雕塑
材质		石材	石材
具体地点		夹城巷运河旁	夹城巷运河旁
作品描述	设计人 / 承建	—	—
	建成年代	—	—
布局类型		小广场	小广场
布局评价	A. 可达性：能被公众自由到达	可达	可达
	B. 可视性：安置在具有最大可见范围的场地	一般	一般
	C. 拥有较高步行流量（观察1小时内通过人数）	流量较高	一般
品质评价	D. 居民认可度（喜欢、一般、不喜欢）	喜欢	大部分人觉得一般
	E. 维护情况（良好、损坏）	良好	良好
公共性评价	F. 艺术品能吸引人流并激发场地活力（观察行为）	少	少
	G. 成为该地区地标（访谈中居民认知情况）	60% 有印象	58% 有印象

三、2002 年法国公共艺术新法令规条（修订版）

法国于 2002 年 4 月份通过公共艺术修订法令，目的是为了解决过去法案执行中所衍生的许多问题，因此重新做了完善而详尽的规定。目前的执行规定如下：

一、适用范围

为了兴建和扩张共有建筑物，或是因为整建、改变用途而必须重新整修建筑物所产生的兴建工程经费，都必须编列预算，设置公共艺术创作，用来融入美化建筑物或是周边环境。不过，对于建筑物性质不适合设置艺术创作品存在时，文化部另有一份附属法规定义免除设置。

二、经费来源

至于公共艺术的经费，则规定是预定兴建经费未含税金额的 1%，必须由兴办机关编列预算，并在既定计划执行前拨款，总金额不得超过 200 万欧元，而且行政费、联络费和建筑物设备不包含在此经费内。

三、类型定义

涵盖各种类型的视觉艺术造型创作，也可以是运用新科技或各类艺术形式，用于景观设计、原创家具构成或是指针系统设计等。

四、执行程序

当建筑物前置计划大纲通过时，兴办机关即将公共艺术设置交由其召集的艺术委员会接管，进行编列经费和决定设置办法、艺术品特性与可能的设置地点，并且取得兴办机关的同意。之后，艺术委员会将邀请艺术家提供计划，再向兴办机关提出建议计划案。

五、设置方式

当设置金额低于 10000 欧元时，执行小组可以在参照兴办机关、建筑物用户和地方文化事务主管的意见之后，向仍在世的艺术家直接委托创作或购买艺术作品。当金额介于 10000 至 89999 欧元时，执行小组必须遵照地方艺术咨议委员会以及艺术委员会的意见，并且根据执行程序办理。当金额在 90000 欧元或是超过时，执行小组选择上述同样的执行方式，并且要由国家艺术咨议委员会通过。

六、审议层级

（一）兴办机关组成艺术委员会，其委员代表包括：

1. 兴办机关主管。

2. 地方文化事务主管或其代表。

3. 一位建筑物使用者代表。

4.两位在造型艺术领域具有资格的人员，一位由兴办机关指定，另一位由地方文化事务主管指定。

地方文化事务主管或其代表担任执行小组的工作，必须向委员会提出计划报告，委员会主席可以邀请建筑物所在地城镇代表一位，以咨询角色出席委员会。

（二）地方艺术咨议委员会由地方首长或其代表担任主席，成员包括：

1.法定成员：

（1）地方文化事务主管或其代表。

（2）建造人或其代表。

（3）相关部会的负责部门主管或地方相关法规主管。

（4）建筑物所在地的城镇市长，如果兴办机关不是这个城镇的话。

2.地方首长所提名任期三年的成员：

（1）一位艺术家和一位建筑师，由地方文化事务主管推荐。

（2）两位在造型艺术领域具备资格的人员，一位由地方文化事务主管推荐，另一位由艺术专业组织推荐。

地方艺术咨议委员可以对上述的艺术委员会表示意见。当一个计划非常具有重要性或是创新特质时，地方艺术咨议委员会主席可以决定将此计划送交国家艺术咨议委员会审查。地方文化局负责咨议委员会的行政事务。

（三）国家艺术咨议委员会由文化部长和兴建物相关部会部长或其代表共同担任主席，其成员包括：

1.法定成员：

（1）文化部建筑与文化资产部门主管或其代表。

（2）文化部造型艺术部门主管或其代表。

（3）建造人或其代表。

（4）相关部会的负责部门主管或是地方相关法规主管。

（5）建筑物所在地的城镇市长，如果这个城镇不是建造人的话。

2.文化部长所提名任期三年的成员：

（1）一位艺术家和一位建筑师。

（2）两位在造型艺术领域具备资格的人员，由艺术专业组织推荐。

国家艺术咨议委员可对上述艺术委员会和地方咨议委员会表示意见。文化部造型艺术部门负责国家咨议委员会的行政事务。咨议委员可在三个月内，对提出计划案发表意见。如果委员没有提出意见，兴办单位可以由艺术委员会所推荐的计划案中择一执行。

四、杭州市区城市雕塑建设管理办法

为加强对城市雕塑的规划、建设和管理,确保城市雕塑合理布局,提升雕塑艺术质量,改善城市景观,根据《中华人民共和国城乡规划法》《浙江省城乡规划条例》等法律、法规的规定,特制定本办法。

一、适用范围

本办法适用于杭州市区内公园、公共绿地、道路、广场、学校、医院等城市公共开放空间设置的室外雕塑的建设和管理。

二、组织机构和职责分工

杭州市城市雕塑建设指导委员会(以下简称指导委员会)负责指导和协调城市雕塑的规划、建设、管理工作。指导委员会下设办公室和艺术委员会,办公室设在市规划局,负责城市雕塑的综合协调工作,艺术委员会具体负责城市雕塑建设和管理的技术指导工作。

市规划主管部门是城市雕塑的管理部门。发改、建设、财政、园林、城管等主管部门按照各自职责,协助做好城市雕塑建设、管理工作。

三、基本原则

(一)城市雕塑的规划应遵循统一规划、合理布局、内容健康、体现城市特色、与城市整体环境相协调的原则。

(二)城市雕塑的审批管理应遵循重要雕塑实施审批、一般雕塑竣工后备案的原则。

(三)城市雕塑的建设应坚持鼓励和支持社会投资参与的原则。

(四)城市雕塑的管理应坚持纳入市政公用设施统一管理的原则。

四、城市雕塑的分类

(一)城市重要雕塑

1. 位于杭州西湖风景名胜区,市级公园,钱塘江、运河、上塘河、余杭塘河、贴近沙河沿岸绿化带,天目山路—环城北路—艮山路、延安路、江南大道、风情大道、金城路、机场高速公路等城市重要景观道路两侧,主要高速公路入城口,火车东站、城站、火车南站、九堡长途汽车客运中心站等重大交通枢纽,武林广场、吴山广场、钱江新城、钱江世纪新城等市级行政、商业中心等城市重要区域的城市雕塑。

2. 涉及重大事件或重要人物等重大题材的城市雕塑。

3. 占用较大空间和用地,高度达到2米(含)以上或宽度达到3米(含)以上的城市雕塑。

4. 市规划主管部门认定的城市重要雕塑。

（二）城市一般雕塑

城市重要雕塑以外的城市雕塑。

五、城市雕塑的规划编制

（一）市规划主管部门应当根据《杭州市城市总体规划》确定的城市性质、布局结构和城市未来发展方向，组织编制《杭州市城市雕塑专项规划》。

《杭州市城市雕塑专项规划》应以传承历史文脉、体现当代城市特色、展示城市未来为目标，确定城市雕塑空间分布形态与雕塑主题建设意向；划定雕塑重点区域和对应区域雕塑题材的分类；明确重大历史事件、历史人物雕塑的布点；确定城市雕塑近、远期建设目标以及规划实施的政策保障措施等。

（二）市规划主管部门负责组织专家和相关部门对《杭州市城市雕塑专项规划》进行审查，并报市政府批准。

（三）设计单位在编制控制性详细规划、修建性详细规划或城市设计时，应根据《杭州市城市雕塑专项规划》编制雕塑规划专篇，落实雕塑规划内容，并作为规划审查内容之一。

六、城市重要雕塑的选址管理

在杭州市区内的城市公共开放空间建设城市重要雕塑的，应办理规划选址手续。

（一）单独建设城市重要雕塑的，由建设单位持发改部门的批准文件向规划主管部门申请城市重要雕塑建设项目选址意见书。

（二）与地块开发配套建设城市重要雕塑的，可与开发地块共用选址意见书或规划设计条件，但选址意见书或规划设计条件应明确城市雕塑相关内容。

（三）涉及杭州西湖风景名胜区内的城市重要雕塑，应按《杭州西湖风景名胜区管理条例》的有关规定，先报杭州西湖风景名胜区管委会批准后方可办理有关手续。

七、城市重要雕塑的设计管理

（一）设计人员资质

凡在本市从事城市雕塑设计的人员，需持有国家城市雕塑建设指导委员会审核颁发的《城市雕塑创作设计资格证书》。

（二）设计招投标

建设单位取得市发改部门的批准文件和市规划主管部门的选址意见书或规划设计条件后，应单独进行城市重要雕塑设计招投标。鼓励城市重要雕塑设计制作实行公开招投标，但内容和工艺等有特殊要求的可采取邀请招标和直接委托等方式。设计与制作可实行一体化招投标。具体操作程序由市规划主管部门会同相关部门另行制定下发。

（三）设计审查

1.建设单位按规定完成城市重要雕塑设计方案后，应向市规划主管部门申请设计方案审查。报送的方案应附有带地形的平面定位图、小样（或多方位设计效果图）、文字说明等资料。

2.市规划主管部门负责组织专家和相关部门对城市重要雕塑的设计方案进行审查，对布局合理、立意明确、尺度适宜，材质、造型与周边环境相协调的城市重要雕塑，由市规划主管部门出具方案设计审查意见书。

八、城市重要雕塑的规划许可

建设单位取得方案设计审查意见书后，应持意见书和发改部门的批准文件、雕塑所在地土地产权单位出具的书面同意材料，向规划主管部门申请城市重要雕塑建设工程规划许可证。

与地块开发配套建设的城市重要雕塑，可与开发地块共用建设工程规划许可证，但城市重要雕塑设计方案审查意见书应作为核发建设工程规划许可证的必备材料，并在建设工程规划许可证中明确城市雕塑相关内容。

九、城市雕塑的制作和安装

（一）建设单位在取得城市重要雕塑建设工程规划许可证后，应当按照设计方案的要求和有关技术标准对城市雕塑进行制作和安装，并注明雕塑名称、设计、制作人名，制作材料和制作日期。

（二）设计、承建单位应对其设计、建设的城市雕塑的制作和施工全过程负责。

（三）城市重要雕塑制作过程中需对设计方案作重大变动的，应事先征得市规划主管部门的同意。

十、城市雕塑工程的核实和备案

（一）城市重要雕塑

1.城市重要雕塑建成后，建设单位应向市规划主管部门申请规划核实。

2.市规划主管部门应组织有关人员对竣工的城市重要雕塑是否符合设计方案等内容予以核实。对符合要求的，核发城市雕塑规划核实确认书；对不符合要求的，应责令限期整改，并在整改完成后核发城市雕塑规划核实确认书。

3.建设单位取得规划核实确认书后，应当将雕塑的有关平面定位图、照片、说明及电子文档等报市规划主管部门存档。

（二）城市一般雕塑

城市一般雕塑竣工后，建设单位应当将雕塑的有关平面定位资料、照片、说明及电子文档等报市规划主管部门备案。

十一、城市雕塑的维护管理

（一）加强对城市雕塑的维护管理，及时修复破损雕塑，确保雕塑安全、清洁。

城市雕塑经核实或备案后，由投资主体按规定移交，接收管理主体负责日常维护管理，并落实维护经费。

指导委员会下设的办公室负责协助雕塑接收管理主体（雕塑维护管理部门）做好对技术要求较高的破损雕塑修复的技术指导和协调工作。

（二）任何单位或个人不得擅自迁移或者拆除经批准建成的城市雕塑。因特殊情况确需迁移或拆除的，应当征得市规划主管部门同意。

（三）不得在城市重要雕塑周边 10 米范围内随意搭建房屋、设置广告和摊点等影响雕塑周边环境的设施，因特殊情况确需建设的，应当征得市规划主管部门同意。

（四）对涂污、损坏或盗窃城市雕塑的行为，由城市管理部门或公安机关按照有关法律、法规和规章的规定处罚。构成犯罪的，依法追究刑事责任。

十二、附则

（一）各县（市）级城市雕塑的管理参照本办法执行。

（二）本办法由市规划局负责解释，自公布之日起 30 日后施行。

（三）前发《杭州市人民政府办公厅转发市规划局关于杭州市城市雕塑建设管理办法的通知》（杭政办〔2007〕21 号）同时废止。

五、台湾地区公共艺术设置办法

第一条

本办法依文化艺术奖助条例（以下简称本条例）第九条第五项规定制定。

第一章 总则

第二条

本办法所称公共艺术设置计划，指办理艺术创作、策展、民众参与、教育推广、管理维护及其他相关事宜之方案。

本办法所称兴办机关，指公有建筑物及政府重大公共工程之兴办机关（构）。

本办法所称审议机关，指办理公共艺术审议会业务之台湾地区部会、直辖市、县（市）政府。

本办法所称鉴价会议，指借由专业者之专业判断及其对艺术市场熟稔，协助兴办机关，以合理价格取得公共艺术之会议。

第三条

公共艺术设置计划之审议、执行、奖励及其他相关事宜，依本办法之规定。

第四条

直辖市、县（市）政府应负责审议其主管之政府重大公共工程及辖内公有建筑物之公共艺术设置计划。

台湾地区部会应负责审议范围跨越 2 个以上直辖市、县（市）行政辖区及其主管之政府重大公共工程公共艺术设置计划，并应邀请公共艺术设置地之地方政府代表列席。未设置审议会者，应由行政院文化建设委员会（以下简称文建会）之审议会负责审议。

第五条

公共艺术设置计划预算在新台币 30 万元以下者，兴办机关得径行办理公共艺术教育推广事宜或交由该基地所在地之直辖市、县（市）政府统筹办理公共艺术有关事宜。

公共艺术设置计划预算逾新台币 30 万元者，兴办机关经审议会审核同意后，得将公共艺术经费之全部或部分交由该基地所在地之直辖市、县（市）政府统筹办理公共艺术有关事宜。

前二项办理结果，应报请审议机关备查。

第六条

公有建筑物或政府重大公共工程主体符合公共艺术精神者，兴办机关得将完成相关法定审查许可之工程图样、说明书、模型或立体计算机绘图与公共艺术经费运用说明等文件送文建会审议会审议，并请工程所在地直辖市或县（市）政府与会提供意见，审议通过后视为公共艺术。

前项审议通过者，兴办机关得免依本办法相关规定另办理公共艺术设置计划，工程竣工后应将办理结果报请文建会及所在地直辖市或县（市）政府备查。

第七条

前条第一项审议通过后，兴办机关依本条例第九条所编列之公共艺术经费，得由直辖市、县（市）政府统筹办理公共艺术有关事宜或运用于该公共艺术之民众参与、教育推广、文宣营销、周遭环境美化等事宜。其中 20% 作为工程技术服务设计奖励金。但不得逾新台币五百万元。

第二章 审议会组织及职掌

第八条

审议会应置委员 9 人至 15 人，其中一人为召集人，由机关首长或副首长兼任之；一人为副召集人，由机关业务单位主管兼任之。其余委员就下列人士遴聘之，各款至少一人：

一、视觉艺术专业类：艺术创作、艺术评论、应用艺术、艺术教育或艺术行政领域。

二、环境空间专业类：都市设计、建筑设计、景观造园生态领域。

三、其他专业类：文化、小区营造、法律或其他专业领域。

四、相关机关代表。

前项第四款之人数不得超过委员总人数 1/4。

第九条

审议会之职掌如下：

一、提供辖内整体公共艺术规划、设置、教育推广及管理维护政策之咨询意见。

二、审议公共艺术设置计划。

三、审议公共艺术捐赠事宜。

四、其他有关补助、辅导、奖励及行政等事项。

除前项规定外，文建会审议会另负责审议公共艺术视觉艺术类专家学者数据库名单、第四条第二项及第六条之案件。

第十条

审议会每年应至少召开一次，必要时得召开临时会议；委员任期 2 年，期满续聘。

委员因辞职、死亡、代表该机关之职务变更或因故无法执行职务时，应予解聘；其所遗缺额，得由审议机关补聘之。补聘委员任期至原委员任期届满之日为止。

第三章 执行小组及报告书之编制

第十一条

兴办机关办理公共艺术设置计划应成立执行小组，成员5人至9人，包含下列人士：

一、视觉艺术专业类：艺术创作、艺术评论、应用艺术、艺术教育或艺术行政领域。

二、该建筑物之建筑师或工程之专业技师。

三、其他专业类：文化、小区、法律、环境空间或其他专业领域。

四、兴办机关或管理机关之代表。

前项第一款成员应从文建会所设之公共艺术视觉艺术类专家学者数据库中遴选，其成员不得少于总人数1/2。

第十二条

兴办机关与公有建筑物或政府重大公共工程之建筑师、工程专业技师或统包厂商签约后3个月内，应成立执行小组。如有特殊状况，得报请审议机关同意展延之。

第十三条 执行小组应协助办理下列事项：

一、编制公共艺术设置计划书。

二、执行依审议通过之公共艺术设置计划，办理征选、民众参与、鉴价、勘验、验收等作业。

三、编制公共艺术征选结果报告书。

四、编制公共艺术完成报告书。

五、其他相关事项。

第十四条

公共艺术设置计划书应送审议会审议，其内容应包括下列事项：

一、执行小组名单及简历。

二、自然与人文环境说明。

三、基地现况分析及图说。

四、公共艺术设置计划理念。

五、征选方式及基准。

六、民众参与计划。

七、征选小组名单。

八、经费预算。

九、预定进度。

十、历次执行小组会议记录。

十一、公开征选或邀请此件简章草案及其他相关资料。

十二、契约草案。

十三、其他相关数据。

前项计划书经审议通过后，前项第一款、第五款、第七款及第八款如有变动，应提请审议会同意。

第十五条

公共艺术征选结果报告书应送审议机关核定，其内容应包括下列事项：

一、征选会议记录。

二、征选过程记录。

三、正选之公共艺术方案介绍（含作品形式、设置位置、说明牌样式及位置等内容）。

四、备选之公共艺术方案介绍。

五、鉴价会议记录。

兴办机关所送之公共艺术征选结果报告书，审议机关认为有争议、重大瑕疵或经审议会于审议公共艺术设置计划书时要求者，得送请审议会审议。

第十六条　公共艺术完成报告书应送审议机关备查，其内容应包括下列事项：

一、公共艺术设置计划基本数据表（含作品图说）。

二、办理过程。

三、验收记录。

四、民众参与记录。

五、管理维护计划。

六、检讨与建议。

兴办机关所送之公共艺术完成报告书，审议机关认为有争议或重大瑕疵者，得送请审议会审议。

第四章　征选方式及征选会议

第十七条

执行小组应依建筑物或基地特性、预算规模等条件，选择下列一种或数种之征选方式，经审议会审议后办理：

一、公开征选：以公告方式征选公共艺术设置计划，召开征选会议，选出适当之方案。

二、邀请比件：经评估后列述理由，邀请2个以上艺术创作者或团体提出计划方案，召开征选会议，选出适当之计划。

三、委托创作：经评估后列述理由，选定适任之艺术创作者或团体提出2件以上计划方案，召开征选会议，选出适当之计划。

四、指定价购：经评估后列述理由，选定适当之公共艺术。

第十八条

采公开征选者，其征选文件应刊登于文建会公共艺术网站，并召开说明会。公告时间，除经审议会同意外，不得低于下列期限：

一、计划经费达新台币1000万元以上者：45日。

二、计划经费逾新台币30万元未达1000万元者：30日。

采取邀请比件及委托创作者，得于计划书中明列艺术创作者或团体正、备选名单。采指定价购者，应于计划书中检附鉴价会议记录，免送公共艺术征选结果报告。采取公开征选、邀请比件及委托创作者，得于招标文件明定以固定费用办理。

第十九条

兴办机关为办理第十七条之征选作业，应成立征选小组，成员5人至9人，得就以下人员聘兼（派）之：

一、执行小组成员。

二、由执行小组推荐之国内专家学者。

前项成员中，视觉艺术专业人士不得少于1/2，并应由文建会公共艺术视觉艺术类专家学者数据库依各类遴选。

第二十条

征选会议之召开及决议，应有征选小组成员总额1/2以上出席，出席成员过半数之同意行之。出席成员中之外聘专家、学者人数，不得少于出席成员人数的1/3。

经征选小组全体成员同意者，得于征选简章中揭示小组成员名单。

第五章 鉴价、议价、验收及经费

第二十一条

公共艺术征选结果报告书送核定前，兴办机关应邀请执行小组专业类或征选小组专业类3位以上成员，共同召开鉴价会议，并邀请获选之艺术创作者或团体列席说明。

前项鉴价会议审核包括作品经费、材质、数量、尺寸、安装及管理维护方式等。其会议决议作为议价底价之依据。

第二十二条

公共艺术征选结果报告书经核定后，兴办机关应依政府采购法第二十二条第一项第二款规定采限制性招标方式，办理议价及签约事宜。

前项决标结果及征选小组名单应刊登公告于文建会公共艺术网站及政府采购信息网站。

第二十三条

公共艺术完成报告书送备查前，兴办机关应办理勘验及验收作业，并邀请执行小组专业类 1/2 以上成员协验。

第二十四条

公共艺术设置计划经费应包含下列项目，并得依建筑或工程进度分期执行。

一、公共艺术制作费：包括书图、模型、材料、装置、运输、临时技术人员、现场制作费、购置、租赁、税捐及保险等相关费用。

二、艺术家创作费：以前款经费之 15% 为下限。

三、材料补助费：采用公开征选之入围者与受邀者之材料补助费。

四、行政费用：

（一）执行小组、征选小组等外聘人员出席、审查及其他相关业务费用。

（二）资料搜集等费用。

（三）印刷及其相关费用。

（四）公开征选作业费。

（五）顾问、执行秘书或代办费用。

五、民众参与、公共艺术教育推广等活动费用。

第二十五条

兴办机关应依本办法办理公共艺术设置计划，不得将该计划纳入公有建筑物或地方重大公共工程之统包工程合约之项目及经费之中。

第六章 管理维护计划

第二十六条

公共艺术管理机关应参照艺术创作者所提之建议，拟订公共艺术管理维护计划，定期勘察公共艺术状况，并逐年编列预算办理之。

第二十七条

公共艺术管理机关于公共艺术设置完成后应列入财产管理，五年内不得予以移置或拆除。但该公共艺术作品所需修复费用超过其作品设置经费 1/3 或有其他特殊情形，经提送所属审议会通过者，不在此限。

第七章 附则

第二十八条

以上公有建筑物或地方重大公共工程兴建案，兴办机关得合并统筹办理公共艺术设置计划。

公有建筑物或政府重大公共工程之基地不宜办理公共艺术设置计划者，如后续管理维护及产权问题无虞，兴办机关得另寻觅合适地点办理。

第二十九条

公共艺术设置计划应以劳务采购性质为原则。

公共艺术保固年限为一年。但必要时得依执行小组决议延长，并应列述理由送审议会同意后执行。

第三十条

兴办机关办理公共艺术设置计划因专业需求，得依政府采购法第三十九条或第四十条规定办理。

第三十一条

文建会为提升公共艺术设置质量，得办理奖励，就公有建筑物及政府重大公共工程之公共艺术设置计划进行评鉴。

第三十二条

政府机关接受公共艺术之捐赠事宜，应拟订受赠之公共艺术设置计划书，经审议会审议通过。其内容应包括下列事项：

一、捐赠缘由。

二、捐赠者。

三、捐赠总经费。

四、捐赠作品之艺术创作者创作履历。

五、捐赠之公共艺术材质、尺寸、数量、作品版次或号数、安装、作品说明牌内容及管理维护方式等。

六、设置地点基地现况分析及图说，含作品与基地之合成仿真图。

七、政府机关与捐赠者所拟定的合约草案。

八、其他相关数据。

第三十三条

兴办机关依政府公共工程计划与经费审议作业要点将政府重大公共工程兴建计划函送行政院公共工程委员会审议时，应副知文建会，该会函送审议结果时亦同。

直辖市、县（市）及特设主管建筑机关，于审议公有建筑物建筑许可时，应通知该公有建筑物所在地文化主管机关依本条例第九条第一项及本办法规定办理。

第三十四条

本办法修正发布前之公共艺术设置计划已送咨委会或审议会审议通过者，仍依修正前之规定办理。

本办法修正发布前已遴聘之咨委会或审议会委员，得续聘至其任期结束为止。

第三十五条

本办法自发布日施行。

六、浙江台州市区"百分之一公共文化计划"重点项目管理细则

第一条

为保障"百分之一公共文化计划"的顺利实施，根据《中华人民共和国城乡规划法》《关于加快推进"百分之一公共文化计划"的实施意见》（台市委办〔2009〕40号），制定本细则。

第二条

台州市区"百分之一公共文化计划"项目实施差异化管理，下列项目列入"百分之一公共文化计划"重点项目（以下简称重点项目）：

（一）建筑面积大于10000m²的政府性办公用房；

（二）建筑面积大于10000m²的文化、医疗、教育、体育等公共建筑；

（三）建筑面积大于20000m²的城市主干道临街项目；

（四）建筑面积大于10000m²的商品性办公（含商业办公）用房；

（五）用地面积大于1万m²的广场、绿地和公园；

（六）用地面积大于4万m²的居住小区；

（七）用地面积大于10万m²的工业项目。

第三条

"百分之一公共文化计划"实施内容：

（一）环境艺术设施。包括城市雕塑、室外壁画、文化长廊、环艺小品、具有艺术造型的城市家具（广告牌、座椅、公用电话、车止石、标识系统等，下同）、市政配套设施（围墙、地下室出入口、通风口、变电箱等，下同）的艺术装饰等；

（二）对公众免费开放的公共文化设施。包括艺术馆、图书室、阅览室、艺术创作室、艺术博物馆、文化俱乐部、画廊、室内外文化和体育活动场所、露天表演舞台等；

（三）政府性公共文化艺术推广活动。包括艺术展览、艺术比赛、艺术沙龙、对外艺术交流和文化演出活动等；

（四）以冠名等形式捐助政府性文化活动和以认建、捐建、冠名等形式建设公共文化艺术设施。

前款中，第（一）项为必须实施内容，第（二）、（三）、（四）项为选择性实施内容。

业主单位开展或者建设的、不属于本条第一款内容的其他项目，须经市"百分之一公共文化计划"艺术委员会认定，并报市"百分之一公共文化计划"

建设指导委员会批准后，方可纳入"百分之一公共文化计划"实施内容。

第四条

重点项目的实施内容纳入规划管理，与主体工程同步设计、同步施工、同步规划验收、同步投入使用。

第五条

重点项目的"百分之一公共文化计划"内容，城乡规划主管部门应当纳入《规划选址通知书》或者规划条件。

第六条

重点项目的建设单位在组织编制建设工程设计方案时，要有"百分之一公共文化计划"专题设计章节，对整个场地公共空间提出整体公共艺术策划方案，主要包括以下内容：

（一）对场地建筑风格、环境特点及周边自然条件和人文环境进行分析，提出公共艺术的文化主题和风格定位；

（二）确定城市雕塑、室外壁画、环艺小品的位置，并进行体量分析；

（三）对场地内需要进行艺术造型或者装饰的城市家具和市政配套设施提出意向和建议。

第七条

规划管理机构在组织重点项目建设工程设计方案评审时，应当通知"百分之一公共文化计划"管理机构（以下简称百分之一管理机构）参加。百分之一管理机构应当当场或者在3个工作日内提出对"百分之一公共文化计划"专题设计章节的审查书面意见交规划管理机构，由规划管理机构统一纳入建设工程设计方案评审意见。

前款的百分之一管理机构，椒江、台州经济开发区片区为市园林绿化管理处，黄岩、路桥片区分别为黄岩、路桥规划管理处。

第八条

重点项目在组织建设工程设计方案报批时，市建设规划局行政审批处或者各行政服务中心建设规划窗口（政务受理中心）应当将"百分之一公共文化计划"专题设计章节送百分之一管理机构进行审查。百分之一管理机构应当根据建设工程设计方案评审意见，在7个工作日内提出书面审查结论和下一步公共艺术设计要求送交规划管理机构，由规划管理机构统一纳入建设工程设计方案审批意见。

第九条

重点项目的建设单位原则上应当将公共艺术设计纳入环艺设计方案一并设计和报批。需要参照《台州市规划与建筑工程方案设计招标投标管理办法》组织环艺设计招标的，投标人的资格预审和确定由招标人、百分之一管理机构共同完成，重点考察环艺设计团队的公共艺术专业人员构成和相关设计经验。

第十条

公共艺术设计内容包括：场地自然条件和人文环境分析、设计创意说明、总平面布置图、各节点效果图（城市雕塑、室外壁画、文化长廊、城市家具的艺术造型、环艺小品、市政配套设施的艺术装饰等）、投资估算等。

第十一条

环艺设计方案要求在建筑施工图报审时同步上报，由建设单位、百分之一管理机构共同召集相关部门组织评审。评审专家由艺术、规划、建筑、园林等方面专家组成。

建设单位按照评审意见组织设计单位对公共艺术设计方案进行修改后报百分之一管理机构，由百分之一管理机构出具审查意见。

第十二条

城市雕塑、建筑壁画和特殊造型工艺要求的艺术设施需要制作模型并在项目结项前单独报百分之一管理机构审查。设计单位必须负责全程艺术监制，保障艺术品质。

第十三条

建设单位应当组织设计单位根据审批的公共艺术设计方案进行施工设计，并组织制作和实施。

经审批的公共艺术设计方案不得随意修改。设计人在原创的基础上进行修改的，应当报原审批机构备案；突破原创进行修改的，应当按审批程序报原审批机构重新审批。

第十四条

重点项目的"百分之一公共文化计划"内容纳入竣工验收规划认可。具体由规划管理机构牵头，百分之一管理机构参加，按审批的公共艺术设计方案或者模型对公共艺术设施进行验收，并由百分之一管理机构签署意见。

第十五条

本细则自 2009 年 10 月 20 日起施行。

七、颁发《城市雕塑创作设计资格证书》条例

城市雕塑属于相对永久性的社会主义精神文明建设，对城市的面貌和人民生活影响较大，一经建成，不易拆换。因此，对城市雕塑作品的内涵、形式和制作技术要求较高，对专业设计人员的专业能力和实践经验必须提出一定的要求。颁发《城市雕塑创作设计资格证书》是为了保证城市雕塑的质量，使这一事业稳步发展。

颁发《城市雕塑创作设计资格证书》条例如下：

（一）持有《城市雕塑创作设计资格证书》的雕塑家，必须本着对国家、人民、社会和艺术负责的原则进行创作和制作。

（二）申请《城市雕塑创作设计资格证书》者，必须符合以下条件之一：

1. 中国美术家协会会员中的雕塑家。

2. 高等美术院校雕塑系毕业后，从事雕塑创作，已获得讲师职称；或虽属同等学历，但现任高等美术院校雕塑系讲师以上的雕塑家。

3. 省(市)以上的雕塑研究室、创作室等大型雕塑单位中，获得助理研究员，或雕塑师以上职称的雕塑家。

4. 高等美术院校雕塑系毕业，从事城市雕塑工作 2 年以上，对城市雕塑创作、设计有一定实践经验的雕塑工作者。

5. 曾在高等美术院校雕塑系学习大型雕塑的进修生，参加城市雕塑工作 5 年以上、有一定的实践经验并确具有一定的业务水平的雕塑工作者（如进修前曾在高等院校的美术系毕业，则对城市雕塑工作实践的时间要求可减为 3 年）。

6. 中等美术院校毕业或自学成才，较长期从事城市雕塑工作，成绩显著，经考核确实具有一定的业务能力和实践经验的雕塑工作者。

符合以上 1 ～ 3 条的雕塑家，可直接申请发给"证书"；符合 4 ～ 6 条的雕塑工作者，需有 2 名持有"证书"的雕塑家推荐，负责推荐的雕塑家应提出对申请者有关城市雕塑的业务能力和实践经验的推荐书，并附 5 件以上作品照片。

（三）《城市雕塑创作设计资格证书》由全国城市雕塑规划组艺术委员会负责考核和颁发。

八、让"公共艺术"唤醒社区凝聚力——主题对话活动实录

2011 年 4 月 14 日晚,由《公共艺术》期刊编辑部主办的"让'公共艺术'唤醒社区凝聚力主题对话"活动在美术学院 418 会议室举办,参与本次活动的嘉宾有零点咨询集团董事长、第一财经"头脑风暴"节目主持人袁岳先生和上海大学美术学院现任执行院长兼《公共艺术》杂志主编汪大伟老师、副主编王洪义老师,史论系潘耀昌、吕坚、凌敏等老师,参与 2009 "上海·城市让生活更美好"曹杨新村公共艺术创作实践活动的艺术家们和学生志愿者也参与了此次对话活动。本次对话活动围绕着 2009"上海·城市让生活更美好"曹杨新村公共艺术创作实践活动展开了回顾与反思,同时也探讨了如何通过"公共艺术"的形式,唤醒并激发新的城市社区文化,并在公共艺术时代艺术家的责任和公共艺术的运作机制等方面展开了深入的讨论。"对话"活动由编辑部徐璐主持。

主讲嘉宾:袁岳、汪大伟

袁岳:零点研究咨询集团董事长,北京大学社会学博士,哈佛大学肯尼迪政府学院 MPA(公共管理硕士),西南政法大学法学硕士,2007 年耶鲁世界学者。现担任第一财经频道《头脑风暴》节目主持人,国内多家媒体的专栏作家和主持人。

汪大伟:上海大学美术学院现任执行院长,中国第一本介绍国内外公共艺术发展现状同名刊物《公共艺术》杂志创办人及主编,"上海·城市让生活更美好"曹杨新村公共艺术创作实践活动总策划。

现代化的过程是以社区的丧失为代价?

主持人:城市社区凝聚力的涣散事实上是当下的社会现状,反映的公共性问题从这个角度来说具有普遍性,也具有很大的现实意义。今天我们的两位嘉宾将为我们带来两个既有共性又有特性的社区案例介绍。首先我们有请袁岳老师为我们介绍他曾调研的社区案例。

袁岳:现在住房条件已经越来越好,社区里也有公共走廊、公共花园等公共设施,可是缺少公共的社会关系,因此我们的社区严格来说,不是真正的"社区"。就拿上海的新社区来说,有 75% 的人不认识周围的邻居,也不从事社区里的公共活动。美国芝加哥学派曾指出"现代化的过程必然是以社

区的丧失为代价的"。

我们曾在1997—2001年期间，在一个外来人口和城市居民混居的社区里，通过实验性的活动介入和问卷调查，证实了只要有外来的介入和内生的需要相结合，在一定条件下，社区公共空间和社区公共文化是可以建设的，社区凝聚力也是有可能得到挽救的。我们研发了20种社区的公共活动供社区居民选择。在这过程中，积极分子的培养与参与，对社区文化的营建起着至关重要的作用。因为老百姓在大家都没有互相认识的情况下，是没有积极性去从事社区公共活动的，这时候需要外部人的鼓动，在社会学上被称为"外部介入"。有一些人因为参与了若干活动后而成为了积极分子。通过这样的活动，我们可以培养出社区积极分子。我把积极分子叫作社区"团结扣"，他们是社区的有机组成部分，就好比一件衣服只要有了扣子就能穿起来。最后社区居民通过参与社区公共活动，达到社区里78%的人互相认识，65%的人参与投票。

主持人：我们也有请"上海·城市让生活更美好"曹杨新村公共艺术创作实践活动的策划人汪大伟老师为我们介绍这个项目的台前幕后。

汪大伟：袁岳老师刚才介绍的社区调研案例给了我们一些启发。我们当时为什么要选择曹杨新村作为公共艺术活动介入的社区呢？曹杨新村是20世纪50年代上海的第一个工人新村，当年只有劳动模范、技术能手等先进人物才能住进这里。这个有着辉煌历史的社区，在现代城市化的进程中面临着很多问题：不仅仅是社区的建筑已渐渐老化，更重要的是当年曹杨的先进劳模们与"曹杨精神"已随着时代的变迁，逐渐被人们所遗忘了，由此造成现在曹杨社区文化与精神的缺失。目前住在这里的人很多都是新成员，但这部分人群往往缺少对曹杨社区的价值认同感和归属感。所以，我们通过这样的一个公共艺术活动，试图通过艺术唤起曹杨居民当年的那种自豪感。又恰逢2009年迎接世博会，提出了"城市让生活更美好"的口号，那么是否"艺术能让生活更幸福"呢？所以我们做了这样的尝试，邀请了国外策展人、艺术家与学校师生一同进驻了曹杨社区，将多种形式的艺术延伸到社区里。

公共艺术如果没有长期规划的介入，对人民群众反而会是一种伤害。

袁岳：首先我有几个问题要问，这次活动的作品形式仅仅是架上作品吗？

汪大伟：不是，主要包括设计、雕塑、装置、孩提时代的游戏、对环境的改造等。其中有件作品是发动居民参与的《被单文化》，活动是邀请居民把自己的梦想缝在被单上。当时这个活动引发了很多话题，例如，外国艺术家看到被单上的标题全是"口号"，以为是我们主办方在左右老百姓的想法，想要中途退出活动。事实上，这就是中国当下的"文化"，由此可见中外文化的巨大差异。

袁岳：这样的活动你们是否每年在曹杨新村做一次？

汪大伟：目前为止只做了这一次。

袁岳：你们有计划再继续吗？

汪大伟：有计划但没有资金！

袁岳：有多少居民希望这个活动可以继续下去？

汪大伟：希望做下去的人（年轻人）都陆续离开这个社区了。

袁岳：我的评价是这样的：介入通常是有害的，如果没有长期规划的介入，对人民群众实质上是一种伤害。大规模的公共介入不得不考虑到退出机制和可持续机制，这个活动在这方面可能考虑得还不太充分。

汪大伟：对。

袁岳：整个项目花了多少钱？

汪大伟：100万元（人民币），从项目策划、筹备到落实，前后总共历时一年的时间。一开始理想化地介入，或多或少产生了一些效应，至少让一部分居民认识了艺术，也有一部分居民看到了有人在关心他们的社区，关心他们的生活。有一个镜头特别让我感动，外国艺术家给当年的"劳模"佩戴大红花，背景是放大的奖状，让社区的老人重新回到了当年受尊重、自豪而光荣的年代。

凌敏：我认为这次的活动对曹杨社区的居民来说是一次美好的回忆。

袁岳：我和凌老师有不同的角度，我们在一个社区里搞一次公共艺术活动给大家留下了美好的回忆，从这个出发点来说我觉得是没有问题的。如果从提高社区凝聚力的角度，我认为问题在于这样的活动是能有效提高了社区凝聚力还是涣散了社区凝聚力？这些作品真正代表了社区居民的主观意愿还是代表了居委会干部的政绩工作之一呢？如果要提高整个社区的凝聚力，公共艺术作为出发点很好，但需要其他方面的努力。

卓旻：作为参与此次曹杨新村的艺术家，我也深感困惑。作为一个艺术家，我们可以很纯粹，但要是作为一个公共艺术家，应该如何去把握？如何顺从公众的意见？是迎合还是坚持？这让很多艺术家感到很困惑。再者，文化的差异导致了中西方对于公共领域理解上的差异。曹杨新村的活动我们可能也是带有一点"救世主"的意味，但出发点是好的。我们也希望艺术能给他们带来些什么，但这次的活动可能还是实验，成功与否要靠时间和后人来评判，但至少我们在国内公共艺术领域率先跨出了第一步。要持续地做下去这样的活动，光靠艺术家的努力远远不够，光靠社区居民的积极性也不够，需要产生一种"成长"机制，西方国家的百分比政策值得我们借鉴。

公共艺术促使居民重新认识自己的社区，唤起他们对社区的感情。
主持人：尽管有着美好的愿望和构思，但刚开始时，社区的居民对公共艺术还是不太理解甚至是持否定态度的，甚至有不少的居民认为"花钱做艺术还不如用来改善居住条件"。

汪大伟：确实如此，本次活动历时一个月，艺术家刚进入社区的时候，60%的老百姓不配合参与，他们普遍认为与其开展这样的活动，不如发钱或直接改造他们的社区环境来得实惠。到活动最后的揭幕仪式上，居民们认为正是因为艺术家的进入社区把领导带来了，把老外带来了，把媒体也带来了，可以让这些人看到他们的生活现状，由此希望可以加快他们所居住的社区空间的改造。

程雪松：我们的学生们给曹杨社区做了艺术家工作室、养老院、博物馆等案例设计，设计是希望能解决问题，我们的初衷也是想帮他们改善一些居住空间的问题，但最后这些只能是方案而不能落实。但从我们外部的介入、别人的关注促使这里的居民重新认识了自己的社区，唤起了他们对社区的感情，从这方面来说还是非常成功的。

袁岳：在我们的社会中关照是"双方"的，有的时候关照是"自发"的。

通过这样的活动，居民对自己的社区有了新的发现。另外，我们需要关照别人，我们介入的人要清楚我们是谁，我们能做什么。对于艺术家来说你们是在玩艺术，你们给居民的期望越高，要是不能落实，那么给他们的伤害就越大。我们的艺术家可以对原来公共空间中的设施作一些改善和美化，比如路灯的改造、给座椅涂上颜色等，使那些公共设施更具艺术化。

如何让更多的公众了解和参与公共艺术的创作？

主持人：从当代公共艺术产生的第一天开始，如何让公共艺术具有可参与性，便成为艺术家们孜孜以求的目标。我们来听听参与曹杨新村的艺术家们是如何让更多的公众了解和参与他的艺术创作的？

汪大伟：这次活动中，艺术家主要有三个不同的出发点：有的艺术家是把个人艺术作品放置在那里，有的艺术家就属地的情况做一件艺术作品，还有的艺术家希望通过艺术活动启发社区的居民。我认为能启发当地居民发自内心的喜爱才是我们这个活动的价值所在。不仅如此，原来人们对公共艺术的理解是凡是放在公共空间里的艺术品都是公共艺术，其实不然，公共艺术是向社会提出问题的一种方式，但不是解决社会问题的最终方式。

袁岳：公共艺术是否是专门以挑起社会矛盾为己任？就好比很多当代艺术的案例就是如此。

汪大伟：这里面就涉及公共艺术与当代艺术的界限，当代艺术更多的是从"我"个人的观点出发，艺术家对社会的看法通过自己的艺术表现方式来表达，由此引起大众社会的关注。而公共艺术更多是从公众的需求出发，通过公众参与艺术的方式来解决一些问题，把现实、理想作为一个扣，这就是公共艺术自身的作用，通过"扣"的连接起到一定的缓解作用。

主持人：从这种观点出发，我们可以通过公众的参与使人们逐步了解公共艺术，更是使公共艺术真正成为公众的艺术，也只有在参与过程中才能真正实现公共艺术的价值。

公共艺术是时代艺术家的社会责任。

主持人：近年来，我们看到艺术走进公共视野、走进公众生活的努力：越来越多的艺术展开始走出展厅，走向公众，走向开放的空间。越来越多的艺术创作不再单纯是艺术家的个人行为，而成为社会的行为。

凌敏：这也是秦一峰作为一个当代艺术家和老百姓交流最多的一次，在作品放置的前后他要和不同的居民解释为什么要放这件作品、怎么放、放与不放有什么区别等问题。通过这样的活动，也让居民有机会了解什么是艺术，艺术家和老百姓也有更多的交谈，不管作品是否成功，但这样的交流就是公共的，也是有益的。

汪大伟：参与公共艺术的艺术家不是"过把瘾"，而是需要有社会责任的。

公共艺术的核心问题——"公共"还是"艺术"？
主持人：在当下转型期的中国社会，人们对于公共艺术这个外来概念正在结合中国的实际背景不断地加以理解和接受，希望大家围绕着"公共艺术"的定义给出自己的看法和见解。

袁岳：我个人的理解，公共艺术可以分为三种：一种是"救世主"式的公共艺术，艺术家以为他们（公众）很可怜，就去放置一些所谓的"艺术作品"在社区里，往往这种作品老百姓们会给他取个怪异的外号；第二种公共艺术是艺术家有了对生活的体验，根据该地域的特点进行艺术提炼，然后做一些艺术作品给大家；第三种是艺术家把"公共艺术"当作一种动员工具，甚至赋予老百姓一定的艺术表达能力，通过这种形式让一些人凝聚起来。

汪大伟：袁岳老师刚才对公共艺术的三种概括把我们曹杨新村公共艺术活动中的很多酸甜苦辣都恰如其分地概括了出来。

王洪义：前面的发言中我注意到了两种立场，这两种立场也就是公共艺术的核心问题。公共艺术可以看作"公共"和"艺术"。美术界和学界是两个领域，什么是"公共"？我很赞成袁老师说的实际的日子，中国的很多老百姓一辈子都不进美术馆，对他们的生活没有实际的影响。这就说明了艺术对人的实际生活的作用微乎其微，我这里所指的还是传统意义上的精英艺术。公共艺术把"艺术"的标准变成"公共"之后，发生了一个重大的变化，谁是艺术的主人？如何评价艺术？当公共艺术成为为人们生活增加幸福感的时候，其评判的标准也发生了变化，应该说公共艺术不仅是反精英，更是反传统、反等级的艺术，是以艺术为手段，以改造社会、推动社会进步、增进人民文化福利为目的，这不仅是公共艺术的方向，应该是所有艺术的方向，而如今的精英文化制度限制了公共艺术的发展。艺术家的看法就一定比普通老百姓的看法高明？西方在 20 世纪 60 年代后世界观、艺术观已经发生了改变，艺术不一定高于生活，艺术家也不一定高于普通人。真正的公共艺术家我个人比较推崇叶蕾蕾，她在费城北部的贫苦社区中，给人改造社区（修椅子、画墙画），她的作品如果放在艺术圈里毫无价值，但是她让原来脏乱差的社区变成了有文化气息的模范社区。这种以艺术为手段，来实现社会进步和增进人民文化福利，不仅是公共艺术方向，应该是所有艺术的方向。中国的民间艺术不也是很有价值的吗？如今精英的文化制度限制了公共艺术的发展。

潘耀昌：曹杨新村的活动有成功的地方，也有一些地方值得我们去完善和检讨。其中对于公共艺术我们参与者的身份要明确，我们的艺术家总在不停地变换身份，有时候艺术家往往觉得自己高人一等，似乎老百姓不懂艺术，而实质上我们对社区公众的需求往往缺乏足够的了解，艺术家没有权利把自己的价值观和趣味强加给公众。

袁岳：公共艺术里面是需要有层次的，可以通过公共艺术把公众的积极性调动起来。公共性和艺术性如何妥协，并给中国公共艺术寻找到一条道路，这也是这个活动最大的意义所在。我可以提供一个不同的思路：例如做一个学生社团，连续做 3 年，以学生公益、老师指导的方式向民政局以社区公益性质的名义申请经费，比如有的可以是关怀劳模老人的，有的可以是以劳模为原型参照做一些纪念品，从中培养出一批社区积极分子，以利于活动的延续。也可以给党政领导开个公共艺术进修班，让领导先受影响和熏陶。

汪大伟：袁岳老师刚才谈到的就是公共艺术的运作方法论的问题，给了我们很多的启示。公共艺术活动对曹杨新村的介入，就像是向一盆清水投了一颗石头，让曹杨社区存在的问题能够涌现出来，但这不是这次活动的最终目的，而是希望种种问题暴露以后，通过公共艺术可以起到心灵的沟通和安抚，最后达成一种共识，让这些问题最终可以得到解决，至少在一定程度上可以得到缓解，这才是公共艺术在社区里增强凝聚力的责任和方向。同时通过这次活动对我们美术学院一直以来以培养艺术精英为发展目标提出了新的挑战，也对我们的艺术家和学院未来的发展方向做出了有益的探索。

九、中国雕塑家公约

为了促进我国雕塑事业的发展，维护雕塑家和委托人的正当权益，规范雕塑行业的行为准则，本着诚实、信用、对社会负责的原则，达成公约如下：

一、雕塑家在参与雕塑设计制作时，应当本着对人民负责、对历史负责、对艺术负责、对委托人负责的态度，精心设计，认真加工制作。

二、雕塑家在设计创作制作中，有维护作品创造性与艺术个性的义务与权利。

三、雕塑家有权选择与委托人的合作方式：在委托创作、公开招标或者邀请招标中，都应坚持公开、公正、公平的原则进行竞争。

四、雕塑家在与委托人的合作中，应当本着诚实、信用的原则完成双方约定的事项，最大限度地维护双方的正当利益，有效维护雕塑界的整体形象。

五、雕塑家之间应相互尊重，不诋毁同业人士的人格与声誉；尊重其他艺术家的劳动成果，不以任何方式侵犯其他作品著作权人的权利。

六、雕塑家有维护同业人士权益的义务，发现同业中他人权益受到侵犯时，有义务通知本人或相关组织。雕塑家有声援同业人士的义务，同时也有义务向那些需要救济的同业人士给予最大限度帮助的义务。

七、雕塑家应当遵守并依照合同法、招标投标法、著作权法等国家有关法律、法规行使各项权利与义务；同时，还应当遵守保护艺术作品权利的世界性公约。

八、雕塑家在重大合同履行中或者投标过程中应当依靠组织，以免受不当竞争或不法欺诈的侵害。

九、签约雕塑家及其组织在中国境内进行投标、制作以及参与雕塑相关事务时，均应履行本公约规定的义务，并受本公约的保护。

参考文献

[1] Bach, P. B.ed. New Land Marks: Public Art, Community, and the Meaning of Place[M]. Grayson Pub, 2001.

[2] Barney & Worth-Inc. Eugene Public Art Plan[R]. Regional Arts & Culture Council. City of Eugene, 2009.

[3] Beardsley J. Art in Public Places: A Survey of Community, Sponsored Projects Supported by the National En-Dowment for the Arts[M]. Partners For Livable, 1981.

[4] Bristol City Council. Bristol Public Art Strategy[R]. 2003.

[5] Cartiere C, Willis S. The Practice of Public Art[M]. Routledge，2008.

[6] City of Atlanta. City of Atlanta Public Art Master Plan[R]. Department of Parks Recreation and Cultural Affairs and Bureau of Cultural Affairs, 2001.

[7] City of Clearwater, Florida. Public Art and Design Master Plan[R]. 2007.

[8] City of London. Public Art Program[R]. Canada, 2009.

[9] Florida R. The Rise of the Creative Class[M].Basic Books, 2002.

[10] Green H, Facer K, et al. Futurelab: Personalisation and Digital Technologies[R].2005.

[11] Hall T, Robertson I. Public Art and Urban Regeneration: Advocacy, Claims and Critical Debates[J]. 2001.

[12] Hall T, Smith C. Public Art in the City: Meanings, Values, Attitudes and Roles. In M Miles, T Hall (eds). Interventions: Advances in Art and Urban Futures Volume 4[M]. Intellect Books, 2005.

[13] Hastings Borough Council. Public Art - Benefits and Possibilities[R]. 2007.

[14] Hein H. What is Public Art?: Time, Place, and Meaning[J]. Journal of Aesthetics and Art Criticism, 1996.

[15] Lacy S, Jacob M J, Phillips P C, et al. Mapping the Terrain: New Genre Public Art[M]. Bay Press, 1995.

[16] Miles M. Art, Space and the City: Public Art and Urban Futures[M]. Psychology Press, 1997.

[17] PennPraxis for the City of Philadelphia. Philadelphia Public Art: The Full Spectrum[R]. 2009.

[18] Rendell J. Public Art: between Public and Private. In Bennett S and Butler J (eds.), Advances in Art and Urban Futures: Locality, Regeneration and Divers[c]ities[M]. Intellect Press, Bristol, 2000.

[19] Seattle Office of Arts & Cultural Affairs. The Public Art Roadmap: How to Start, Build and Maintain a Public Art Project in Your Neighborhood[R]. 2005.

[20] Selwood S. The Benefits of Public Art: the Polemics of Permanent Art in Public Places[M]. London: Policy Studies Institute, 1995.

[21] Sharp J, Pollock V, Paddison R. Just Art for a Just City: Public Art and Social Inclusion in Urban Regeneration[J]. Urban Studies, 2005, 42(5-6).

[22] Shaw B. Northgate Public Art Plan[R]. Department of Planning & Development, Seattle Public Utilities and Office of Arts & Cultural Affairs. City of Seattle, 2005.

[23] Snow A. Monuments and Monkey Puzzles: Public Art in Bristol. M Miles and T Hall (eds.), Interventions: Advances in Art and Urban Futures Volume 4[M]. Intellect Books, 2005.

[24] 包林. 艺术何以公共?[J]. 装饰, 2008 (S1).

[25] 包亚明. 权力的眼睛——福柯访谈录 [M]. 严峰, 译. 上海: 上海人民出版社, 1997.

[26] 陈高明. 城市艺术设计 [M]. 南京: 江苏科学技术出版社, 2014.

[27] 陈立勋, 董奇. 修辞与诠释——当代公共艺术的叙述维度 [J]. 新美术, 2012 (1).

[28] 陈娜. 浅谈城市建设领域中的城市雕塑 [J]. 中外建筑, 2010 (9).

[29] 戴晓玲, 董奇. 再谈异用行为——公共空间行为调研的新视角 [J]. 新建筑, 2014, 6.

[30] 邓春林. 和谐城市文化视角下的城市雕塑规划建设——以南宁市城市雕塑发展规划研究为例 [J]. 广西城镇建设, 2009 (4).

[31] 董继平. 世界著名建筑的故事 [M]. 重庆: 重庆大学出版社, 2009.

[32] 董奇, 戴晓玲. 英国"文化引导"型城市更新政策的实践和反思 [J]. 城市规划, 2007, 31(4).

[33] 董奇, 戴晓玲. 城市公共艺术规划: 一个新的研究领域 [J]. 深圳大学学报: 人文社会科学版, 2011, 28 (3).

[34] 董奇. 公共艺术规划中公众参与的辩与思 [J]. 新美术, 2015(5).

[35] 杜宏武, 唐敏. 城市公共艺术规划的探索与实践——以攀枝花市为例

的研究 [J]. 华中建筑 , 2007, 25(2).

[36] 杜宏武 . 以公共艺术规划推进城市人文景观体系构建 [J]. 华南理工大学学报 : 社会科学版 , 2014, 16(6).

[37] 广州市唐艺文化传播有限公司 . 以小见大 整体环境中的核心景观设计 2[M]. 长沙 : 湖南美术出版社 , 2012.

[38] 郝卫国 , 李玉仓 . 走向景观的公共艺术 [M]. 北京 : 中国建筑工业出版社 , 2011.

[39] 郝卫国 . 公共艺术与公众参与 [J]. 雕塑 , 2004 (6).

[40] 何镜堂 , 郭卫宏 . 多元校园绿色校园人文校园 : 第六届海峡两岸大学的校园学术研讨会会议论文集 [M]. 广州 : 华南理工大学出版社 , 2007.

[41] 何小青 . 公共艺术发展路径的向度分析 [J]. 装饰 , 2011 (3).

[42] 胡 哲 . China Urban Public Art Planning Working Framework and Planning Content[D]. 华中科技大学 , 2012.

[43] 黄耀志 , 李清宇 , 赵潇潇 . 城市雕塑系统规划的任务与程序探析 [J]. 现代城市研究 , 2010 (8).

[44] 季峰 . 中国城市雕塑语义、语境及当代内涵 [M]. 南京 : 东南大学出版社 , 2009.

[45] 季湘荣 . 城市雕塑建设与发展研究 [D]. 杭州 : 浙江大学 , 2006.

[46] 李国亮 . 当代中国城市公共艺术设计与评价的人文尺度初探 [D]. 厦门大学 , 2009.

[47] 黎燕 , 张恒芝 . 城市公共艺术的规划与建设管理需把握的几个要点——以台州市城市雕塑规划建设为例 [J]. 规划师 , 2006, 22(8).

[48] 李建盛 . 公共艺术与城市文化 [M]. 北京 : 北京大学出版社 , 2012.

[49] 李涛 . 北京城市雕塑规划编制方法与管理机制初探 [C]// 城市时代，协同规划——2013 中国城市规划年会论文集 (02- 城市设计与详细规划). 2013.

[50] 李玮 , 徐建春 . 基于 UGB 的杭州城市空间结构研究 [J]. 城市发展研究 , 2009 (4).

[51] 林剑 . 城市雕塑规划的地域文化及特色营造——以《南宁市城市雕塑发展规划研究》为例 [J]. 规划师 , 2009 (10).

[52] 刘向娟 . 当代艺术介入公共空间——伦敦特拉法加广场的 "第四柱基" [J]. 艺术设计研究 , 2013 (1).

[53] 龙翔 , 单增 . 政治性，公众性，个性？问题的户外雕塑——关于西湖国际雕塑邀请展引出的反思 [J]. 雕塑 , 2009 (1).

[54] 鲁虹 . 努力使公共艺术成为可能 [J]. 美术观察 , 2005 (11).

[55] 陆邵明 . 滨水地段更新中全球与地方文化共生的艺术策略 [J]. 公共艺术 , 2016 (1).

[56] 吕拉昌 , 黄茹 . 世界大都市的文化与发展 [M]. 广州 : 华南理工大学出版社 , 2013.

[57] 马泉 . 城市视觉重构 : 宏观视野下的户外广告规划 [M]. 北京 : 人民美术出版 , 2012.

[58] 邵晓峰 . 探索中的前行——改革开放 30 年中国公共艺术发展回顾与展望 [J]. 艺术百家 , 2009, 25(5).

[59] 尚金凯 , 张小开 . 天津海河历史文化街区公共艺术规划与设计思路研究 [J]. 艺术与设计 : 理论版 , 2015 (5).

[60] 时向东 . 北京公共艺术研究 [M]. 北京 : 学苑出版社 , 2006.

[61] 斯坦利 • 考利尔 . 查尔斯 • 摩尔谈建筑 [J]. 南方建筑 , 1997 (1).

[62] 孙振华 . 公共艺术的公共性 [J]. 美术观察 , 2004 (11).

[63] 孙振华 . 公共艺术的观念 [J]. 艺术评论 , 2009, 7.

[64] 孙振华 . 公共艺术时代 [M]. 南京 : 江苏美术出版社 , 2003.

[65] 孙振华 . 艺术何以公共？ [J]. 中国美术馆 , 2015(5).

[66] 汪大伟 . 公共艺术与"地方重塑" [J]. 公共艺术 , 2015(4).

[67] 王洪义 . 中国当代公共艺术的三个阶段 [J]. 公共艺术 , 2015(4).

[68] 王翔 . 义乌文化十讲 [M]. 浙江 : 浙江工商大学出版社 , 2015.

[69] 汪秀霞 . 融合与重构——城市文脉视角下义乌公共艺术建设 [J]. 美与时代 : 创意 (上), 2014 (11).

[70] 王中 . 奥运文化与公共艺术 [M]. 武汉 : 湖北美术出版社 , 2009.

[71] 王中 . 公共艺术概论 [M]. 北京 : 北京大学出版社 , 2007.

[72] 王中 . 公共艺术概论（第二版）[M]. 北京 : 北京大学出版社 , 2014.

[73] 王中 . 公共设施艺术化趋势 [J]. 城市环境设计 , 2009, 7.

[74] 维君 , 陈才 . 让"公共艺术"唤醒社区凝聚力主题对话活动实录 [J]. 公共艺术 , 2011(3).

[75] 翁剑青 . 中国当代公共艺术问题探析 [J]. 公共艺术 , 2010(1).

[76] 翁剑青 . 局限与拓展——中国公共艺术状况及问题刍议 [J]. 装饰 , 2013 (9).

[77] 吴为山 . 吴为山艺文集 [M]. 北京 : 中华书局 , 2011.

[78] 扬 • 盖尔 . 交往与空间 [M]. 北京 : 中国建筑工业出版社 , 2002.

[79] 杨奇瑞 , 王来阳 . 城市精神与理想呈现中国城市公共艺术建设与发展研究 [M]. 杭州 : 中国美术学院出版社 , 2014.

[80] 杨勇 . 金山区雕塑规划 [J]. 上海城市规划 , 2008 (C00).

[81] 于英 , 陈苏柳 , 徐苏宁 . 哈尔滨城市雕塑布局规划浅议 [J]. 城市规划 , 2006, 30(4).

[82] 袁荷 , 武定宇 . 借力生长 : 中国公共艺术政策的发展与演变 [J]. 装饰 , 2015, 11.

[83] 袁运甫 . 中国当代装饰艺术 [M]. 太原 : 山西人民出版社 , 1989.

[84] 张雷 . 谁摧毁了公共艺术中的 "公共性" ?[J]. 美术观察 , 2009 (6).

[85] 张仁照 . 宁波城市雕塑调查分析 [J]. 浙江林学院学报 , 2000, 17(4).

[86] 张小开 , 孙媛媛 , 尚金凯 . 历史城区公共艺术的特色定位与建设思路研究——以天津市为例 [J]. 艺术与设计 (理论), 2015, 3.

[87] 赵晟宇 , 阮如舫 . 通过车站设计提升地铁公共艺术主题——以台湾高雄捷运美丽岛站和中央公园站为例 [J]. 城市轨道交通研究 , 2012, 15(11).

[88] 郑德福 . 基于空间环境特征分析的城市雕塑规划——以上海市浦东新区为例 [J]. 规划师 , 2008, 24(B09).

[89] 钟远波 . 公共艺术的概念形成与历史沿革 [J]. 艺术评论 , 2009 (7).

[90] 周舸 , 栾峰 . 雕塑城市——深圳城市雕塑发展战略与规划引导策略探索 [J]. 规划师 , 2002, 18(11).

[91] 周娴 . 两岸公共艺术研讨会纪要 [J]. 公共艺术 ,2016(1).

[92] 周秀梅 . 城市文化视角下的公共艺术整体性设计研究 [D]. 武汉 : 武汉大学，2013.

[93] 朱百镜 . 公共艺术策展作为都市设计的取径 [D]. 台湾 : 淡江大学，2014.

[94] 竹田直树 . 世界城市环境雕塑 (日本卷)[M]. 高履美 , 译 . 台北 : 淑馨出版社，1989.